Ismar Mosler

Chronologie der Pentekontaetie

Ismar Mosler

Chronologie der Pentekontaetie

ISBN/EAN: 9783744711555

Hergestellt in Europa, USA, Kanada, Australien, Japan

Cover: Foto ©berggeist007 / pixelio.de

Weitere Bücher finden Sie auf **www.hansebooks.com**

Chronologie der Pentekontaëtie.

Inaugural-Dissertation

zur

Erlangung der Doktorwürde

vorgelegt der

philosophischen Fakultät

der

Königlichen Friedrich=Alexander-Universität

zu

Erlangen

1. Juni 1890.

von

Ismar Mosler

geboren zu Rybnik in Schlesien.

Berlin 1890.

Druck von J. S. Preuß, Jerusalemerstr. 21.

Einleitung.

Die Zeit der ruhmreichen Freiheitskämpfe der Hellenen gegen persische Übermacht fand in Herodot einen Darsteller, der, voll Bewunderung für griechische Heldengröße und von klarer Erkenntnis der Bedeutsamkeit dieser Ereignisse durch= drungen, dennoch den Charakter seines Werkes vor Entstellung durch Parteitendenz zu bewahren wußte. Der Entscheidungs= kampf zwischen den beiden griechischen Großstaaten, Sparta und Athen, um die leitende Stellung in Hellas fesselte hin= wiederum einen Thukydides, der mit einer bisher noch nicht übertroffenen Kunst der Geschichtsdarstellung und einem weder durch seine Stellung als Bürger Athens, noch durch seine Verbannung beirrten, einzig von dem Streben nach unbedingter Wahrheit geleiteten Urteil, uns ein getreues Bild von den Begebenheiten dieses Zeitraums überlieferte. Dagegen sind wir für die Epoche der attischen Geschichte von dem Ausgang der Perserkriege bis zum Beginn des peloponnesischen Krieges ohne ausführliche zeitgenössische Darstellung. Und doch drängt sich in diesen kurzen Zeitraum von nicht ganz fünfzig Jahren, der sogen. Pentekontaëtie, eine Fülle von Ereignissen zusammen, die einerseits die notwendige Ergänzung zu den Perserkriegen bilden, indem Athens Heere und Flotten nunmehr den Kampf gegen die Perser siegreich in deren eigenem Lande fortsetzen, andrerseits aber auch die Erklärung für den folgenden, mit so beispielloser Erbitterung und Hartnäckigkeit geführten pelo= ponnesischen Krieg bieten. Denn die übermächtige Stellung an der Spitze einer sich immer weiter ausdehnenden Symmachie, welche Athen in diesem Zeitraum erlangte, war es ja, welche zuerst die sich wiederholt in offenen Feindseligkeiten äußernde Eifersucht Spartas und seiner Verbündeten hervorrief und enblich zum definitiven Bruche führte. Gleichzeitig mit den glänzenden Erfolgen Athens nach Außen gehen in diesem Zeit= raum wichtige Reformen im Innern vor sich, welche erst die

1*

freie Entfaltung aller Kräfte zum Besten des Staates er-
möglichen, erstehen die großartigsten Schöpfungen auf dem
Gebiete der Kunst und Dichtung, finden wissenschaftliche Be-
schäftigungen jeder Art die gründlichste Behandlung. Aber
grade die Menge scheinbar unzusammenhängender Begebenheiten
auf den verschiedensten Gebieten mußte gleichzeitigen Geschichtsschreibern diesen Zeitraum für eine erschöpfende Darstellung
um so weniger geeignet erscheinen lassen, als die Ereignisse
dieser Epoche auf eine Zeit folgten, welche den vaterländischen
Sinn der Hellenen vorzugsweise anziehen mußte, oder sich auf
ein Ziel richteten, dessen Ergebnisse erst später hervortraten.
Unter diesen Umständen müssen wir uns glücklich schätzen, daß
Thukydides in der auch sonst so wertvollen Einleitung seines
Werkes eine kurze Skizze der Geschichte dieses Zeitraums ent-
warf. Wenn nun auch dieser so gründliche und gewissenhafte
Forscher dabei von dem ausdrücklich ausgesprochenen Vorsatz
geleitet wird, in der Reihenfolge seiner Erzählung die zeitliche
Aufeinanderfolge der Begebenheiten zu beobachten, so gewinnen
wir aus seiner Darstellung allein doch nur wenige chronologische
Fixierungen. Und dieses ist auch leicht erklärlich. Denn es
war Thukydides nicht darum zu thun, eine eigentliche Chronologie dieser Zeitperiode zu geben, sondern er wollte hauptsächlich
seinen Lesern ein ausführliches Bild von dem allmählichen
Wachsen der Macht Athens vorführen, welches ja nach seiner
Ansicht den peloponnesischen Krieg hervorrief. Meistens werden
die Zeitangaben in seiner Darstellung durch allgemeine Wendungen,
wie ἔπειτα, μετὰ ταῦτα, χρόνῳ ὕστερον ausgedrückt. Dazu
kommt, daß Thukydides nur diejenigen Ereignisse erwähnt,
welche sich auf die äußere Machterweiterung Athens beziehen
und Alles, was damit nicht notwendig in Verbindung stand,
wie die inneren Umwälzungen, mit Stillschweigen überging.
Allen diesen Übelständen scheint nun in willkommener Weise
Diodor abzuhelfen, der in jedem Jahr mit den dabei angeführten Archontennamen nicht nur die in dieses Jahr fallenden
Kriegsereignisse abhandelt, sondern auch auf andere Gebiete
des staatlichen Lebens hier und da Rücksicht nimmt. Indessen
schon der Umstand, daß Diodors Chronologie öfters den ausdrücklichen Worten eines Thukydides widersprach, mußte starken
Zweifel an der Richtigkeit dieser mit solcher Sicherheit vor-
getragenen Behauptungen erwecken. Konnte man doch unmöglich
annehmen, daß dieser sonst so sorgfältige Historiker, welcher
durch seine unabhängige Lebensstellung und seine Beziehung zu

beiden streitenden Parteien, die ihm die genauesten Erkundigungen ermöglichten, hier, wo er besonders genau sein will und wo es sich doch um Ereignisse handelt, die er noch theilweise miterlebt hat, in den an seinem Vorgänger Hellanikos gerügten Fehler der chronologischen Ungenauigkeit selbst verfallen sein sollte. Lange Zeit suchte man sich nun in der Weise zu helfen, daß man an allen den Stellen, an welchen Diodor mit Thukydides nicht im Einklang stand, einen Irrtum Diodors annahm, diejenigen Zahlenangaben Diodors dagegen, bei denen sich ein solcher Widerspruch nicht nachweisen ließ, als richtig aufnahm. So äußert sich Katzfey (Chronologische Beiträge zur griechischen Geschichte zwischen den Jahren 479—431, Köln 1841): „Wo dieser letztere (Diodor) die Folge der Begebenheiten anders ordnet, da ist er unbedingt gegen das Gewicht des Thukydides aufzugeben; wo aber die Folge der Begebenheiten dieselbe ist, da sind die von ihm gegebenen Jahre solange festzuhalten, als sie den unbestimmten Ausdrücken des Thukydides und der natürlichen Zeit für die Aufeinanderfolge der Begebenheiten nicht offenbar widersprechen." Auch Krüger hat in seinen Untersuchungen sich noch größtenteils von diesem Grundsatz leiten lassen und u. A. die irrige Ansicht*) gehegt, daß Diodor bei so glänzenden Ereignissen, wie es z. B. die Schlacht am Eurymedon war, unmöglich geirrt haben könne, daß man ihm aber auch bei minder wichtigen Thatsachen solange folgen könne, als er nicht der Folge der Begebenheiten bei Thukydides widerspreche.

Mußte nun schon ohnedies ein solcher Ausweg, einen Teil der Chronologie Diodors als falsch zurückzuweisen, einen andern, der um nichts besser beglaubigt ist, gelten zu lassen, bedenklich erscheinen, so wurde derselbe eigentlich unmöglich, wie man die Wahrnehmung machte, daß Diodor selbst in den verschiedenen Teilen seines Werkes in den chronologischen Fixierungen sich durchaus nicht gleichblieb. Wir verweisen dabei auf das bekannte Beispiel des Königs Leotychides, dessen Tod von Diodor irrtümlich in das Jahr 476 gesetzt wurde. Die an dieser Stelle (XI 48) angeführte 42jährige Regierungszeit seines Nachfolgers Archidamos führte Diodor dazu, dessen Todesjahr (XII. 35.) für das Jahr 434 anzusetzen. Nichtsdestoweniger erwähnt er noch in den ersten Jahren des peloponnesischen Krieges den Archidamos an verschiedenen Stellen

---

*) Hist. philol. Studien p. 8.

(XII. 42, XII. 52.) als Führer bei den Einfällen der
Lacedämonier in Attika und (XII. 47) als Leiter der Belagerung
von Platää. Und dieser Irrtum Diodors pflanzt sich auch in
den spätern Teilen seines Werkes fort. Zum Jahre 434 (XII. 35)
hatte er bemerkt, daß Agis dem Archidamos folgte und 27 Jahre
regierte. Er hätte demgemäß den Tod des Agis als im
Jahre 407 erfolgt annehmen müssen. Trotzdem spricht er
(XIII. 107) im Jahre 405 von einem Einfall der spartanischen
Könige Agis und Pausanias in Attika und erst 396 (XIV. 79)
erwähnt er neben Pausanias den König Agesilaus. — Mit
welcher Berechtigung konnte man sich da noch bei der Chronologie dieser Zeit auf die Autorität eines so kritiklosen Schriftstellers stützen? Es lag eben nur die Alternative vor, daß
Diodor solche Widersprüche schon in den Quellen vorfand, oder,
was wahrscheinlicher war, daß er sie erst in die Geschichte
hereinbrachte. Im ersten Falle verbot es sich von selbst, auf
irgend welche Zeitangabe Diodors aus solchen Quellen irgend
welches Gewicht zu legen; entschied man sich für die letztere
Möglichkeit, an welchen Kriterien wollte man etwaige Miß-
verständnisse Diodors von den in seiner Quelle wirklich vorgefundenen Zahlenbestimmungen unterscheiden? Mußte es nicht
viel angemessener erscheinen, bei den Zeitbestimmungen der
einzelnen Ereignisse die Angaben eines nicht nur einem Thuky-
bides, sondern sogar sich selbst widersprechenden Schriftstellers
gänzlich außer Anschlag zu bringen? Man darf nicht mit
Katzen dagegen einwenden, daß ohne Diodor bei den unbestimmten Ausdrücken des Thukydides an eine Fixierung der
einzelnen Ereignisse nicht gedacht werden könne. Nun, dann
müssen wir uns lieber unser Unvermögen in dieser Beziehung
eingestehen, das ja nicht uns, sondern der mangelhaften Überlieferung zur Last fiele, als in Selbsttäuschung unbewiesene
Hypothesen für gewisse Thatsachen anerkennen. So hat denn
auch A. Schäfer in seiner vortrefflichen Abhandlung über die
Chronologie dieser Zeit die Angaben Diodors meist außer
Acht gelassen und ist dabei zu sehr ansprechenden Resultaten
gelangt.

Da gewann der Standpunkt der Diodorfrage infolge der
von Volguardsen begonnenen eingehenden Untersuchungen über
die Quellen Diodors ein ganz verändertes Aussehn. Die Ergebnisse seiner Forschungen waren kurz gefaßt folgende: Als
Hauptquelle Diodors in diesem Abschnitt der griechischen Geschichte
ist, wie schon früher allgemein angenommen wurde, Ephoros

anzusehen. Dieser hatte den Stoff seinem Inhalte nach in einer Reihe von Kapiteln verarbeitet, ohne die einzelnen Jahre scharf zu unterscheiden. Das Prinzip der Einteilung verkannte Diodor und benutzte die Darstellung des Ephoros in der Weise, daß er Begebenheiten, die sich auf eine Reihe von Jahren erstreckten, und von Ephoros nur ihres pragmatischen Zusammenhangs wegen neben einander aufgeführt wurden, dem Zeitraum desselben Jahres zuwies. Es sind also die chronologischen Fehler Diodors nicht dem Ephoros, sondern dem unverständigen Excerptor zur Last zu legen. Außerdem lag Diodor noch eine chronologische Quelle vor — nach Volquardsen's Vermutung Apollodors Chronik*) — aus der Diodor kurz gefaßte historisch-litterarische Notizen entnahm, die sich fast regelmäßig am Ende des betreffenden Jahresabschnittes oder am Anfang nach dem Namen des Archonten finden. Als litterar-historische Bestandteile dieser Chronik sind auch die Mitteilungen Diodors über die ältesten der jeweilig von ihm beschriebenen Zeit nahestehenden Primärquellen zu betrachten und beabsichtigt Diodor dadurch nicht, die von ihm benutzten Quellen namhaft zu machen. — Es ist einleuchtend, daß unter solchen Umständen grade die an Diodor vorhin gerügte Inkonsequenz für unsere Benutzung seiner Angaben uns als ein Vorzug erscheinen muß. Denn seine unwissenschaftliche Methode nötigte ihn ja nicht, die in dieser Chronographie vorgefundenen Zeitangaben mit seinen eigenen Berechnungen in Einklang zu bringen und demgemäß entweder seine eigenen Aufsätze zu berichtigen oder die chronologischen Daten dieser zweiten Quelle zu verfälschen. Vielmehr ist es äußerst wahrscheinlich, daß alle jene Zeitangaben, die sich als aus jener zweiten Quelle geflossen bestimmt nachweisen lassen, auch wirklich so in dieser Quelle sich vorfanden. Eine Bestätigung dieser Annahme bietet Volquardsen durch die Thatsache, daß Diodor ein und dasselbe Ereignis, wie z. B. den Kriegszug des Perikles nach dem Peloponnes, unter zwei verschiedenen Jahren (Ol. 81.2 und Ol. 81.4) anführt, indem er das eine Mal wahrscheinlich seinen Berechnungen, das zweite Mal offenbar jener chronologischen Quelle folgte. Diodor kam hierbei nicht auf den Gedanken, daß es dasselbe Ereignis sei, welches er hier zweimal erzähle, und daß demgemäß eine der beiden Jahresbestimmungen verworfen werden müßte. Da nun in

---

*) Gelzer in Burslans Jahresbericht 1878 und Bornemann Progr. Lübeck 1878 entscheiden sich für Kastor's Chronik.

diefem Beifpiel die Autorität des Thukhbides (I. 112) zu
Gunften der chronologifchen Quelle den Ausfchlag giebt, indem
nach deffen Worten zwifchen diefem Zuge und dem Abfchluß
des Waffenftillftandes im Herbft 451 ein dreijähriger Zwifchen=
raum lag, fo gewinnen für Volquardfen auch die andern
Angaben aus der chronologifchen Quelle einen erhöhten Wert.
Es lag nach diefem Stand der Unterfuchung für uns die
Aufgabe vor, die aus Thukhbides fixierbaren Zeitpunkte mit
den Angaben der chronologifchen Quelle zu kombinieren und
dadurch eine Reihe von Stützpunkten zu erhalten, von denen
aus wir die zwifchen zwei folchen bekannten Zeitpunkten er=
weislich liegenden Ereigniffe mit mehr oder minder Wahrfcheinlich=
keit auf die einzelnen Jahre der Zwifchenzeit verteilen mußten.
Der aus Ephoros gefchöpfte Teil der Erzählung Diodors war
bei diefem Stand der Forfchungen nicht zu verwerten. Denn,
wenn Ephoros die Ereigniffe nur nach ihrem Zufammenhang
ordnete, fo waren die Zeitangaben Diodors nur willkürliche
Anfätze, wie denn auch Diodor nachweislich die Begebenheiten
eines thukhdibeïfchen Jahres mehrfach auf zwei Jahre verteilte.
Nach der Meinung Volquardfen's hatte dies darin feinen
Grund, daß Diodor dort, wo es ihm gut dünkte, einen Ab=
fchnitt machte und ein neues Jahr begann.

Gegen diefe Anficht trat zunächft Ad. Schmidt mit der
Behauptung*) auf, daß Volquardfen das chronologifche Syftem
Diodors augenfällig verkenne und deffen Wert fehr unterfchätze.
Jenes Syftem beruht abgefehen von verfchiedenen Anticipationen
und Nachholungen von Ereigniffen darauf, daß Diodor grund=
fätzlich unter jeder Jahresrubrik das zweite Semefter des
vorangegangenen Archontenjahres und nur das erfte des laufenden
erzählen wollte. Diefe Anficht wurde von Holzapfel**) leicht
widerlegt, indem diefer an mehreren Beifpielen zeigte, daß diefes
chronologifche Prinzip von Diodor nicht befolgt fein könne.
Er zieht daraus den Schluß, daß bei Diodor vollftändige
chronologifche Verwirrung herrfche, daß es eine vergebliche Mühe
fei, für das biodorifche Jahr einen beftimmten Anfangspunkt
ermitteln zu wollen, und kehrt fomit auf den von Volquardfen
eingenommenen Standpunkt zurück, daß Ephoros den Stoff
ohne genaue Unterfcheidung der einzelnen Jahre in einer Reihe
von Kapiteln behandelt habe.

*) Perikl. Zeitalter Bd. 1. pag. 8. Anmerkung.
**) Anhang Excurs I feiner hinten angeführten Schrift.

Dem eigentlichen Abschluß nahe wurde diese Frage erst durch Unger gebracht. Derselbe wies überzeugend nach, daß Ephoros die einzelnen Jahre wohl unterschied und auch eine feste Jahresepoche, nämlich die Herbstnachtgleiche, hatte. Als sicheres Eigentum des Chronographen will aber Unger nur die persischen Königslisten anerkennen, deren bei Diodor angegebene Regierungszeit die Anwendung der attischen Jahresform voraussetzt, sowie die litterar-historischen Notizen. Dagegen werden die spartanischen Königslisten wegen der in ihnen be= folgten Epoche der Herbstnachtgleiche dem Chronographen ab= gesprochen und auf Ephoros zurückgeführt, der dieselbe Jahresepoche hatte und dem diese ursprünglich den spartanischen ἀναγϱαφαί entnommenen Regierungszeiten nach Unger's Vermutung als Grundlage der Zeitbestimmung dienten. Im Uebrigen erkennt auch Unger an, daß Ephoros sein Werk nach inhaltlich zusammen= gestellten Gruppen geordnet habe und zwar in der Weise, daß er nach Maßgabe des Zusammenhangs der Ereignisse jedes Thema bis zu einem gewissen Abschluß verfolgte, in manchen Fällen mehrere Jahre hindurch, während in anderen Fällen auch ein einziges genügen konnte. Diese Resultate seiner Forschung hat Unger sogleich angewandt, um in scharfsinniger Weise die gesamten Ereignisse dieses Zeitraums chronologisch zu fixieren. In vielen Fällen ist ihm dies auch derart geglückt, daß gegen seine Ergebnisse kaum Einwendungen erhoben werden können. Dagegen können wir uns in keiner Weise mit den Zeitbestimmungen im 2. Jahrzent der Pentekontaëtie ein= verstanden erklären. Bei der Anordnung derselben hat sich Unger von der bedenklichen Ansicht leiten lassen, daß Themistokles noch zu Lebzeiten des Xerxes am persischen Hofe eingetroffen sei, und stützt sich dabei gegen die Autorität der Thukydides und Charon, die doch diesen Ereignissen am nächsten standen, auf die gegenteiligen Angaben von Ephoros, Deinon, Kleitarchos, Herakleides u. a. bei Plutarch (Them. 27). Für alle die= jenigen, welche, wie wir, Unger's Meinung, Thukydides habe einfach dem Charon nacherzählt, mit ihrer Vorstellung von des Thukydides Genauigkeit nicht vereinbaren können, ist da= durch in der Chronologie dieser Zeit bei Unger eine Verschiebung um mehrere Jahre eingetreten.

Außer Thukydides und Diodor kommt für die Chronologie der Pentekontaëtie noch hauptsächlich Plutarch in Betracht. Da letzterer in den Biographien der Griechen nicht einer Haupt= quelle folgte, sondern gleichzeitig die Darstellung mehrerer

Autoren benutzt, so ist bei Benutzung seiner Angaben größere
Vorsicht zu beobachten. Denn erstens ergeben die bisherigen
Untersuchungen von Rühl, Schmidt, Holzapfel u. a. über das
Maß der Benutzung der einzelnen Quellen gänzlich abweichende
Resultate, während doch der Wert einer Nachricht offenbar
von der Quelle abhängt, aus der sie stammt, zweitens aber
wissen wir nicht, inwieweit Plutarch bei Verarbeitung der ver=
schiedenen Berichte die ursprünglich chronologische Folgenreihe der
Begebenheiten geändert haben kann, wie viel Irrtümer dadurch
entstanden sein mögen, daß Plutarch bei seiner Belesenheit
manches aus dem Gedächtnis hinzufügte, was nicht in der
grade vorliegenden Quelle stand und sich vielleicht auf eine
andere Zeit bezog.

Nach diesen einleitenden Bemerkungen wollen wir uns der
Untersuchung über die Chronologie dieses Zeitalters zuwenden.
Hierbei muß, um einer hier und da zu Tage getretenen Meinung*)
von vornherein entgegenzutreten, bemerkt werden, daß der
Name Pentekontaëtie, mit welchem die Grammatiker diesen
Zeitraum belegten, sich keineswegs auf die Zeit vom Uebergang
der Hegemonie zur See an Athen bis zum Beginn des
peloponnesischen Krieges beschränkt, sondern auch noch die Jahre
vom Rückzug der Perser bis zur Begründung des. delischen
Seebundes umfaßt. Es erhellt das aus den ausdrücklichen
Worten des Thukydides (I. 118), mit welchen er seine Dar=
stellung dieser Periode schließt: ταῦτα δὲ ξύμπαντα, ὅσα
ἔπραξαν οἱ Ἕλληνες πρός τε ἀλλήλους καὶ τὸν βάρβαρον,
ἐγένετο ἐν ἔτεσι πεντήκοντα μάλιστα μεταξὺ τῆς Ξέρξου
ἀναχωρήσεως καὶ τῆς ἀρχῆς τοῦδε τοῦ πολέμου. Daß
des Xerxes Rückzug hierbei allgemein für den Rückzug der
Perser überhaupt erwähnt ist, ergiebt sich aus der Art und
Weise, wie Thukydides anfangs den Geschichtsstoff der 50 Jahre
einteilte. Derselbe zerfällt nach ihm in den Zeitraum, in
welchem die Athener zur Hegemonie gelangten (c. 88: οἱ γὰρ
Ἀθηναῖοι τρόπῳ τοιῷδε ἦλθον ἐπὶ τὰ πράγματα) und in die
Zeit des Wachstums ihrer Macht (ἐν οἷς ηὐξήθησαν). Der
erste Teil, welcher bis Cap. 96 reicht, beginnt mit den Worten:
ἐπειδὴ Μῆδοι ἀνεχώρησαν ἐκ τῆς Εὐρώπης νικηθέντες
καὶ ναυσὶ καὶ πεζῷ ὑπὸ Ἑλλήνων καὶ οἱ καταφυγόντες αὐτῶν
ταῖς ναυσὶν ἐς Μυκάλην διεφθάρησαν, wodurch der am
Schluß etwas unbestimmt gelassene Anfangspunkt genauer fixiert

---

*) z. B. bei Czwiklinski de tempore, quo Thucydides priorem
historiae suae partem composuerit. Gnesen 1873 p. 20.

wird, und schließt mit der Wendung: παραλαβόντες δὲ οἱ
Ἀθηναῖοι τὴν ἡγεμονίαν τούτῳ τῷ τρόπῳ ἑκόντων τῶν
ξυμμάχων κ. τ. ἑ. wobei τούτῳ τῷ τρόπῳ auf das zu Anfang
(Cap. 89) stehende τρόπῳ τοιῷδε, ἑκόντων τῶν ξυμμάχων
auf das (Cap. 97) folgende αὐτονόμων τὸ πρῶτον τῶν ξυμμάχων
hinweist. Der zweite Abschnitt beginnt nun (Cap. 97 mit den
Worten: ἡγούμενοι δὲ αὐτονόμων τὸ πρῶτον τῶν ξυμμάχων
und reicht bis Cap. 118, wo die letzten Worte: καὶ ὅσα
πρόφασις τοῦδε τοῦ πολέμου den Schlußpunkt dieser Periode
geben. Diese Zeitausdehnung der Pentekontaëtie wird nicht
dadurch geändert, wenn man mit Kirchhof (Hermes XI.) die
Kapitel 97—118 für ein späteres Einschiebsel erklärt. Denn
auch Cap. 97 wiederholt Thukydides seine Absicht, die Ereignisse
μεταξὺ τοῦδε τὸν πολέμου καὶ τοῦ Μηδικοῦ zu erzählen.
Demnach erstreckte sich die sogen. Pentekontaëtie von den gleich=
zeitigen Schlachten bei Platää und Mykale im September 479
bis zum Ueberfall Platääs Anfang April 431, mit dem bei
Thukydides der peloponnesische Krieg beginnt. An vollen
50 Jahren fehlen daher fast 2¹⁄₂ Jahre, welches Manko Thuky=
dides durch das ben ἔτεσι πεντήκοντα beigesetzte μάλιστα (ad
summum) vorsichtig bemerkt.

Was nun die Chronologie dieses Zeitraums anbetrifft, so
haben schon Schäfer und Clinton vor ihm den richtigen Weg
angegeben, der notwendig eingeschlagen werden muß, wenn
man in die so unbestimmt gelassenen oder widerspruchsvollen
Angaben dieser Epoche einige Klarheit und Sicherheit bringen
will. Es handelt sich darum, zunächst einzelne der Zeit nach
bekannte Ereignisse zu ermitteln und dann von diesen in den
weiteren Berechnungen auszugehen. Als solche chronologisch
fixierbaren Momente, die auch in der Geschichte dieses Zeit=
raums bedeutsam hervortreten, ergeben sich drei Ereignisse: die
Begründung des attisch=delischen Bundes, der Tod des Xerxes,
zeitlich zusammenfallend mit der Unterwerfung von Naxos, und
der Abschluß des 30 jährigen Friedens. Es zerfällt somit die
Pentekontaëtie in vier Perioden:

1. Die Zeit spartanischer Hegemonie (479—477).
2. Der delische Bund von seinem Entstehen bis zum
Übergang der Hegemonie Athens in eine ἀρχή (476—465);
den entscheidenden Wendepunkt bildet die Unterwerfung von Naxos.
3. Epoche der höchsten Machtentfaltung Athens (465—445).
4. Athen vom Abschluß des 30 jährigen Friedens bis
zum Beginn des peloponnesischen Krieges (445—432).

I.

Das Datum der Schlachten bei Platää und Mykale, die nach den einstimmigen Überlieferungen des Altertums am gleichen Tage stattfanden, hat uns Plutarch an verschiedenen Stellen*) überliefert. Nach seinen sich nicht gleichbleibenden Angaben fiel dieser Tag auf den 26. Metageitnion oder den 3. oder 4. Boëdromion attischen Kalenders. Gemäß den von Boeckh**) angestellten Berechnungen würde der erste Hekatombaion des Jahres 479 8 auf den 26. Juli fallen, der 26. Metageitnion also dem 19. September, der 3. oder 4. Boëdromion dem 24. oder 25. September entsprechen. Es ist möglich, daß Plutarch an der ersteren Stelle das wirkliche Datum der Schlacht, an der letzteren die Tage des ihrem Andenken geweihten Festes überliefert hat. Mit Gewißheit können wir jedenfalls behaupten, daß beide Schlachten in der zweiten Hälfte des Monats September geschlagen wurden.

Nach der Schlacht bei Mykale segelte die griechische Flotte nach Samos; hier fanden Verhandlungen wegen Aufnahme der Inselgriechen in die Eidgenossenschaft statt; darauf steuerten die Griechen nach dem Hellespont und wurden auf der Fahrt am Vorgebirge Lekton durch widrige Winde aufgehalten, und nach dem Erscheinen der griechischen Flotte im Hellespont hatte Artayktes noch Zeit gefunden, die Besatzungen mehrerer Festungen des Chersones nach Sestos zusammenzuziehen. Sind wir deshalb auch genötigt, zwischen der Schlacht bei Mykale und dem Beginn der Belagerung von Sestos eine längere Zwischenzeit anzunehmen, so darf dieselbe doch nicht die Dauer von ungefähr drei Wochen überschreiten. Denn als Artabazus mit dem Überreste des Heeres des Mardonios sich dem Chersones näherte, fand er Sestos schon durch die Athener und ihre ionischen Bundesgenossen belagert, wodurch er bestimmt wurde, den Umweg über Byzanz einzuschlagen. Der Weg von Böotien nach dem Hellespont konnte aber, wie das Beispiel des Agesilaus zeigt, in Eilmärschen binnen 30 Tagen zurückgelegt werden, und kaum längere Zeit wird Artabazus bei seinem fluchtähnlichen Rückzug

---

*) De gloria Athen. 7. Aristid. 19. Camill. 19.
**) Index lect. univ. Berol. 1816.

gebraucht haben. Demnach werden wir nicht fehlgehen, den Be=
ginn der Belagerung von Sestos um Mitte Oktober anzusetzen. Die
Belagerung zog sich lange hin; Thukydides Äußerung (I.
89) ἐπιχειμάσαντες εἷλον αὐτήν zeigt, daß während der Be=
lagerung der Winter eintrat. Die Winterszeit aber begann
bei den Griechen mit dem Frühuntergang der Plejaden, Hyaden
und des Orion am 11. November. Da Artyaktes als Tempel=
schänder auf die ·Gnade der Griechen nicht rechnen durfte, so
leistete er verzweifelten Widerstand und ließ sogar, als Mangel
an Lebensmitteln eintrat, die Bettgurte kochen und verzehren.
Aber das Erscheinen der griechischen Flotte hatte ihn augen=
scheinlich überrascht; er konnte keine Zeit gefunden haben, die
Festung genügend zu verproviantieren, und gerade der Umstand,
daß in der Eile die Stadt durch die Mannschaften anderer
Garnisonen noch verstärkt worden war, mußte den Mangel an
Lebensmitteln um so eher fühlbar machen. Sestos wird sich
deshalb trotz der hartnäckigen Verteidigung kaum bis zum
Ausgang des Winters gehalten haben, wie Duncker annimmt,
sondern wohl schon um Beginn des Jahres 478 von den
Griechen erobert worden sein. Die Worte Herodots nach der
Einnahme von Sestos und der Heimkehr der Athener: καὶ
κατὰ τὸ ἔτος τοῦτο οὐδὲν ἔτι πλέον τούτων ἐγένετο beweisen
nicht deshalb, weil das Jahr Herodots mit dem Frühling be=
gann, daß sich Sestos den ganzen Winter über hielt, sondern
besagen nur, daß in diesem Jahre des Herodot der Kampf
gegen die Perser zu Ende war. Im Frühjahr 478 traf dann
Xanthippos mit der Flotte wieder in Athen ein, nachdem er
auf der Rückkehr wahrscheinlich noch die Inseln Imbros und
Lemnos von ihren persischen Besatzungen befreit hatte, Ereignisse,
die ihrer Unbedeutenheit wegen von Herodot übergangen sein
konnten. Aus dem Umstande, daß Lemnos und Imbros dem
sonst befolgten geographischen Einteilungsprinzip zuwider dem
Inselquartier zugerechnet wurden, hat Kirchhoff (Hermes XI.
S. 13 ff.) mit Recht geschlossen, daß diese Inseln dem ur=
sprünglichen Bestand des Bundes angehört haben. Nur braucht
der Anschluß dieser Inseln an den Bund nicht schon vor der
Schlacht bei Mykale geschehen zu sein, wie Kirchhoff annimmt,
sondern kann passender zu der oben angeführten Zeit erfolgt
sein. In Griechenland hatte man inzwischen noch im Herbst
479 mit den Vorbereitungen zu dem Wiederaufbau Athens
begonnen. Es hieße den stark entwickelten Patriotismus der
Griechen schwer verkennen, wenn man annehmen wollte, daß
die Familien der Athener noch den Winter über in ihren

Zufluchtsorten zu Troizen, Ägina und Salamis verblieben und erst im Frühling in die Heimat zurückgekehrt seien. Hatten doch manche Familien nicht erst die Schlacht bei Plataä ab= gewartet, sondern gleich nach dem Abzug des Mardonios aus Attika*) wieder den Boden der Heimat betreten, um mit eigenen Augen die Größe ihres Verlustes zu überschauen. Ein Teil der Häuser, in denen vornehme Perser ihr Quartier ge= nommen hatten, war ja auch vom Brand verschont geblieben**), und bei dem milden attischen Klima genügten wohl schnell her= gestellte Holzbaracken, um den Athenern die Beschwerden der Regenzeit überstehen zu helfen. Kaum hatten die Athener so einigermaßen für ihre Unterkunft gesorgt, so begannen sie auch schon die Ruinen niederzureißen, den Schutt wegzuräumen, um für den Wiederaufbau der Häuser Platz zu gewinnen. Gleichzeitig mußten, da die neue Mauer nach allen Seiten hin ausgedehnt werden sollte (Thuc. I. 93. μείζων γὰρ ὁ περίβολος πανταχῇ ἐξήχθη τῆς πόλεως), erst die nötigen Erdarbeiten gemacht werden, was in dieser Jahreszeit und bei dem Felsboden, über den an mehreren Stellen der Zug der Mauer gehen sollte, eine zeitraubende und durchaus nicht leichte Arbeit war. Auf diese Vorbereitungen für den eigentlichen Wiederaufbau Athens und für den Neubau seiner Mauern be= ziehen sich die Worte bei Thukydides (Cap. 89) καὶ τὴν πόλιν ἀνοικοδομεῖν παρεσκευάζοντο καὶ τὰ τείχη. Daß die Stadt der Athener jetzt, wo ein großer Teil der Bürger noch vor Sestos lag, noch nicht förmlich wieder aufgebaut wurde, geht schon daraus hervor, daß für den auf diese Vorarbeiten folgenden Mauerbau, dessen thatsächliche Inangriffnahme wahr= scheinlich für den Beginn des Jahres 478 angesetzt werden kann, alles vorhandene Baumaterial und alle freien Hände vollständig in Anspruch genommen wurden. Ja, wenn The= mistokles vor seinem Weggang den mit dem Mauerbau be= schäftigten Athenern den Rat giebt (I. 90): φειδομένους μήτε ἰδίου μήτε δημοσίου οἰκοδομήματος, ὅθεν τις ὠφελία ἔσται ἐς τὸ ἔργον, ἀλλὰ καθαιροῦντας πάντα, so hat es sogar den Anschein, daß nachträglich noch die vom Brand verschont ge= bliebenen Häuser niedergerissen wurden, um das Material beim

---

*) Thuc. 1. 89. Ἀθηναίων δὲ τὸ κοινόν, ἐπειδὴ αὐτοῖς οἱ βάρβαροι ἐκ τῆς χώρας (d. h. Attika) ἀπῆλθον, διεκομίζοντο (das Impf. drückt das allmähliche Hinüberschaffen aus) εὐθὺς ὅθεν ὑπεξέθεντο παῖδας καὶ γυναῖκας καὶ τὴν περιοῦσαν κατασκευήν.
**) Thuc. ibid.

Festungsbau verwenden zu können. So lange die Erdarbeiten gedauert hatten, waren die alten Feinde Athens, die Ägineten, über die wahren Absichten der Athener im Unklaren geblieben. Kaum aber begannen sich im Januar 478 (s. o.) die Ringmauern allmählig zu erheben, als auch schon Sparta von dem Unternehmen der Athener in Kenntnis gesetzt wurde. Eine Gesandschaft der Spartaner erschien in Athen, um die sofortige Einstellung der Bauten zu fordern. Nach obigem Ansatz für den Beginn des Mauerbaus traf diese Gesandschaft etwa Anfang Februar in Athen ein. Themistokles übernahm es, Athen in Sparta zu vertreten. Wenn unter den Mitabgesandten des Themistokles neben Aristides nicht Xanthippos, sondern Abronnchos, des Lysikles Sohn, erwähnt wird, so läßt sich daraus der für die eben gegebene Zeitbestimmungen passende Schluß ziehen, daß die Botschaft der Spartaner noch vor Rückkehr der Flotte aus dem Hellespont in Athen eintraf*). In Sparta angelangt, ließ Themistokles unter dem Vorgeben, daß er die auf sein eigenes Betreiben · verzögerte Ankunft seiner Mitgesandten erwarten müsse, längere Zeit verstreichen. Während dieser Frist, welche Duncker auf vier Wochen veranschlagt**), arbeitete die gesamte Bevölkerung Athens mit fieberhafter Eile an den Befestigungen. Daß es dem Themistokles gelang, trotz der seitens der Ägineten eintreffenden Meldung von der eifrigen Fortsetzung des Baues die Spartaner von entscheidenden Schritten abzuhalten, verdankte er wohl nicht blos der freundlichen Gesinnung, die man zu Sparta damals gegen ihn hegte, oder den durch Theopomp nur schlecht verbürgten Bestechungen der Ephoren; das Zögern der Spartaner wird vielmehr erst recht verständlich unter der Voraussetzung, daß alle diese Ereignisse noch im Winter vor sich gingen, zu welcher Jahreszeit sich die Spartaner nur widerwillig zu einem Feldzug verstehen mochten, und daß die Spartaner nicht erwarteten, den Mauerbau von den Athenern so schnell gefördert zu sehen. Endlich (Anfang März) langen die Abgesandten des Themistokles in Sparta an. Sie werden dem Themistokles mit der Nachricht, daß die Mauern gegen den ersten Sturm gesichert seien, auch die Meldung von dem inzwischen erfolgten Einlaufen der attischen Flotte von Sestos überbracht haben. Frühling und Sommer des Jahres

---

*) Ullrich „Die hellenischen Kriege" schließt dasselbe aus den Worten πάντας πανδημεί τοὺς ἐν πόλει und konstatirt daraus einen Gegensatz zu den Bürgern vor Sestos.
**) Thuc. I. 93. ἐν ὀλίγῳ χρόνῳ.

478 verstrichen nun unter Weiterführung der Mauerbaues, der bei der günstigen Jahreszeit und unter Theilnahme der von Sestos heimgekehrten Bürger rasch seiner Vollendung entgegen ging. Auch der Häuserbau, der, wenn überhaupt schon vor dem Frühling 478 begonnen, während des drohenden Zwistes mit Sparta jedenfalls sistiert worden war, muß schon in diesem Jahr zu Ende geführt worden sein; denn die Notiz des Marmor par. (Ep. 64), daß unter dem Archon Abeimantos die Bild=säulen des Harmodios und Aristogeiton wieder aufgestellt wurden, zeigt uns, daß die Athener im nächsten Jahr bereits daran dachten, ihre Stadt mit Bildwerken zu schmücken. In den Sommer des Jahres 478 muß ebenfalls die Verfassungsreform des Aristides fallen, durch welche auch der vierten Steuerklasse volle politische Gleichberechtigung und damit Wählbarkeit zum Archontat eingeräumt ward. Plutarch verlegt den betreffenden Antrag des Aristides unmittelbar hinter die Schlacht bei Plätää und stellt ihn als eine Konzession an das durch die Siege ge=steigerte Selbstgefühl des Demos dar*). Es liegt durchaus kein Grund vor, an dieser Zeitangabe zu zweifeln und etwa mit Duncker bis auf die Zeit vor dem Ostrakismus des The=mistokles herabzugehn. Niemals war ein solches Zugeständnis gerechtfertigter, als zu dieser Zeit. Der durch Themistokles zum Flottendienst herangezogene vierte Stand hatte durch seine Tapferkeit in den Schlachten bei Salamis**) und Mykale, durch die Ausdauer, mit der er vor Sestos den Beschwerden des Winters Trotz bot, wesentlich zur Entscheidung beigetragen. Mit der gleichen patriotischen Hingebung an die Sache der Freiheit, wie die bevorrechteten Klassen, hatte der Demos beim Nahen des Feindes die Heimat verlassen; die gemeinsame Not hatte in den aufgesuchten Zufluchtsorten die Familien der verschiedenen Stände einander näher gebracht; der Einspruch, den Sparta gegen den Wiederaufbau der Mauern erhob, und die rastlose Ausdauer, mit der darauf arm und reich, jung und alt ohne Unterschied des Geschlechts an den Befestigungsarbeiten sich beteiligt hatte, mußte in der gesamten Bürgerschaft ein inniges Gefühl der Zusammengehörigkeit erzeugen. Dazu kam, daß der Demos durch den Brand Athens mit Ausnahme der

---

*) Plut. Arist. c. XXII: ἐπεὶ δ'ἀναχωρήσαντας εἰς τὸ ἄστυ τοὺς Ἀθηναίους ὁ Ἀριστείδης ἑώρα ζητοῦντας τὴν δημοκρατίαν ἀπολαβεῖν κτέ c. XXIII. folgt der Feldzug des Pausanias 478/77.
**) Aristot. Politic. V. 3. 5. ὁ ναυτικὸς ὄχλος γενόμενος αἴτιος τῆς περὶ Σαλαμῖνα νίκης.

wenigen geretteten Habseligkeiten sein ganzes Besitztum, also ungleich mehr verloren hatte, als die großen Grundbesitzer, deren Ländereien schon im nächsten Jahre reichlichen Ertrag liefern konnten, daß ferner seit der Umwandlung Athens in einen Seestaat an die Dienstleistungen der unteren Volksklassen gesteigerte Anforderungen gestellt wurden. Für den völligen Ruin seiner materiellen Wohlfahrt, für die aus den neuen Pflichten erwachsende Mehrbelastung mußte dem Demos ein Äquivalent geboten werden, und diese Entschädigung bestand in der rechtlichen Gleichstellung aller Massen. Später aber, als in dem Sommer 478 kann der Antrag des Aristides nicht eingebracht sein. Im Herbst 478 erfolgte schon, wie wir bald sehen werden, der Feldzug des Pausanias, an welchem Aristides als Führer des attischen Contingentes teilnahm; im nächsten Jahre 477, in welches Hertzberg die Verfassungsreform legt, befand sich Aristides vor Byzanz; im Jahre 476 war er mit der Festsetzung der Beiträge für den neubegründeten Bund beschäftigt. Noch weiter hinabzugehen verbietet die Zeitbestimmung Plutarchs und die Rücksicht auf die oben dargelegten Motive der Verfassungsreform.

Die Spartaner hatten sich der vollendeten Thatsache des Mauerbaus, wenn auch heimlich grollend, gefügt; jener Vorwand, mit dem sie ihre Niederlage zu bemänteln suchten, daß sie den Athenern nicht ein Hindernis in den Weg legen, sondern nur einen guten Rat hätten erteilen wollen,*) benahm ihnen nun auch die Möglichkeit, sich der Wiederaufnahme der schon vor dem Perserkrieg begonnenen Piräusbauten zu widersetzen. Es liegt somit keine Veranlassung für die Heimlichkeit vor, mit welcher Diodor den Themistokles einen dahin gehenden Antrag bei der Volksversammlung einbringen läßt, und aus dem Umstande, daß die Volksversammlung Aristides und Xanthippos dazu bestimmte, ihr Gutachten über den Vorschlag des Themistokles abzugeben, den Schluß ziehen zu wollen, daß die Expedition des Pausanias erst im Frühjahr 477 in See ging, wäre völlig verkehrt. Zeigt sich doch die Unglaubwürdigkeit des Diodor'schen Berichtes schon darin, daß Diodor den Themistokles erst nach der Schlacht bei Plataä und dem Wiederaufbau Athens den Plan zur Anlage des Piräus fassen läßt, während nach Thukydides' Angabe (I, 93) hiermit schon vor

*) Thuc. I, 92. οὐδὲ γάρ ἐπὶ κωλύμῃ, ἀλλὰ γνώμης παραινέσει δῆθεν τῷ κοινῷ ἐπρεσβεύσαντο.

dem Perferkriege im Archontat des Themistokles der Anfang
gemacht worden war. Die Fortsetzung dieses durch die Kriegs=
zeiten unterbrochenen Baues begann wohl schon im Herbst 478
und nicht erst, wie meist angenommen wird, im Jahre des
Abeimantos 477/76. Allerdings berichtet Diodor den Beginn
des Hafenbaues unter diesem Archontat, aber da die Zeit=
rechnung des Ephoros dem attischen Kalender um 9 Monate
vorausläuft, so fand nach Diodors Zeugnis die Wiedereröffnung
der Arbeiten in der Zeit von Herbst 478 bis Herbst 477 statt,
was mit unserer Zeitangabe übereinstimmt. Als gleichzeitig
mit dem Bau der Piräusmauern erwähnt Diodor die Expedition
unter Pausanias, die, wie die Folge der Ereignisse lehrt, schon
spätestens im Herbst 478 ihren Anfang nahm. Ebenso hatte
Diodor unter dem Archontat des Timosthenes 478/77 die
Rückkehr der geflüchteten Familien nach Attika und die Inangriff=
nahme des Mauerbaues von Athen erzählt, obschon beides im
Herbst 479 erfolgte, und obwohl es bei Diodor selbst heißt (XI, 39):
Ἀθηναῖοι μὲν μετὰ τὴν ἐν Πλαταιαῖς νίκην μετεκόμισαν ἐκ
Τροιζῆνος καὶ Σαλαμῖνος τέκνα καὶ γυναῖκας εἰς τὰς Ἀθήνας,
εὐθὺς δὲ καὶ τὴν πόλιν ἐπεχείρησαν τειχίζειν. Erwägen
wir nun, daß die Festungsmauern Athens nicht mit solcher
Sorgfalt, in solcher Stärke und Höhe aufgeführt wurden, wie
die Piräusmauern, hinter denen im Notfall die gesamte Be=
völkerung Attikas Schutz finden sollte, berücksichtigen wir ferner,
daß in der von Themistokles verschafften Frist von ungefähr
4 Wochen die Mauern Athens bis zu einer ziemlichen Höhe
gebracht wurden, so ist es höchst wahrscheinlich, daß die Be=
festigung · Athens im Laufe des Sommers beendet wurde.
Daß eine solche Schnelligkeit der Ausführung bei den Athenern
nicht zu den Unmöglichkeiten gehörte, beweist das Beispiel von
Pylos, welches im peloponnesischen Kriege von dem attischen
Heere ohne die nötigen Werkzeuge in 6 Tagen befestigt wurde
(Thuc. IV, 4—5). Im unmittelbaren Anschluß aber an den
Mauerbau Athens, ohne Andeutung irgend eines Intervalles er=
wähnt Thukibides die Befestigung des Hafens, und er beschließt
diese Darstellung mit den Worten: Ἀθηναῖοι μὲν οὖν οὕτως
ἐτειχίσθησαν καὶ τἆλλα κατεσκευάζοντο εὐθὺς μετὰ τὴν
Μήδων ἀναχώρησιν. Abgesehen davon, daß εὐθὺς μετὰ
τὴν Μήδων ἀναχώρησιν besser gesagt werden kann, wenn der
Bau der Piräusmauern schon im Herbst 478 wieder in Angriff
genommen wurde, bezieht sich κατασκευάζεσθαι, wie ähnliche
Stellen unbestreitbar erweisen (vgl. I, 10, I, 89, II, 16,

II, 17 u. f. w.) auf das Beschaffen häuslicher Einrichtungen. Nun ist es wenig glaublich, daß die Athener ohne Not noch einen zweiten Winter ohne die Behaglichkeit häuslicher Einrichtung zugebracht haben werden, und also auch hieraus ist der Schluß berechtigt, daß der mit dem allmählichen Anschaffen von Hausgeräth (impf. κατεσκευάζοντο) gleichzeitige Hafenbau schon im Herbst 478 wieder aufgenommen wurde. Wenn Diodor XI. 41 letzteren in das Archontat des Aboimentos 477/76 setzt, so würde auch dies nach der Jahresrechnung des Ephoros auf den Herbst 478 hinführen.

Wir haben schon oben gesagt, daß der Beginn des Feldzuges unter Pausanias schon in das Jahr 478 gelegt werden müsse. Nach der Eroberung von Byzanz fängt Pausanias seine verräterischen Umtriebe an. Er läßt die vornehmsten Gefangenen der Perser entfliehen, schickt den Gongylos mit einem Brief an Xerxes und wartet dessen Antwort in Byzanz ab. Da eine mehrmonatliche Abwesenheit des Gongylos auch den Verdacht der Verbündeten wachgerufen hätte, so müssen die Unterhandlungen zu jener Zeit geführt worden sein, als Xerxes sich noch in Sardes aufhielt, von wo er im Herbst 477 nach Susa aufbrach. Nachdem Pausanias aus der Antwort des Xerxes ersehen hatte, daß der Perserkönig auf seine Anerbietungen einging, bildet er aus gefangenen Medern und Aegyptern eine Leibwache, die ihn auf seinen Märschen durch Thrazien umgiebt. Sein Hochmut erweckt die Unzufriedenheit der Bundesgenossen und die Kunde von seinem Treiben bringt nach Sparta, dessen Behörden ihn zur Verantwortung zurückberufen. Alles dies nötigt uns, zwischen der Eroberung von Byzanz und der endlich erfolgenden Abberufung des Pausanias eine Zwischenzeit von mindestens mehreren Monaten anzunehmen. Erfolgte nun letztere, wie sich bald ergeben wird, im Spätherbst 477, so mußte Byzanz schon im Sommer desselben Jahres erobert sein, die Belagerung dieser mit einer starken Besatzung versehenen und wohlverproviantierten Festung*) schon im Frühling 477 begonnen haben. Es folgt daraus, daß der Anfang des Feldzuges, auf dem der größere Teil von Kypros den Persern entrissen wurde, schon in das Jahr 478 gehört. Uns für den Herbst 478 zu entscheiden, würde die Zeitbestimmung Diodors veranlassen, der die Expedition unter dem

---

*) Die Belagerung von Byzanz kam nicht unerwartet, wie die von Sestos.

2*

Archon Abeimantos, b. h. nach der Zeitrechnung des Ephoros von Herbst 478 bis Herbst 477 erfolgen läßt. Indessen setzt Duncker wohl mit mehr Recht die Ausfahrt des Pausanias schon in den Sommer 478. Wir nähern uns der Zeit des Hegemoniewechsels vor Byzanz und der Begründung des delischen Bundes. Clinton (Append. VI, S. 248 ff.) hat, indem er den auf Miß= verständnis einer Stelle bei Isokrates*) beruhenden Irrtum Dodwells berichtigte, bewiesen, daß die bei den Rednern für die Dauer der attischen Hegemonie vorkommenden Zahlen sich dahin vereinigen, das Jahr des Archonten Abeimantos 477/76 als das Anfangsjahr derselben erscheinen zu lassen. Keine Be= stätigung dieses Ansatzes bietet anscheinend Diodor. Denn wenn er für den Hegemoniewechsel das Amtsjahr des Abei= mantos nennt (XI, 44), so würde derselbe ja nach seiner Zeitrechnung von Herbst 478 bis Herbst 477 fallen. Indessen erzählt Diodor unter diesem einen Jahr die Schicksale des Pausanias von seinem Feldzuge gegen Kypros an, der aller= dings in dieses Jahr fällt, bis zu seinem lange Jahre nachher erfolgenden Tode. Da nun die Stiftung des delischen Bundes durch Aristides nur eine Episode dieser Erzählung bilden soll, so läßt sich aus Diodor für dieselbe keine bestimmte Zeitangabe entnehmen. Diodor hat hier, wie in andern Fällen, die Anfangszeit einer fortlaufenden Erzählung richtig bestimmt; man würde aber fehlgehen, wenn man alle Teile der Erzählung in eben dieses Jahr verlegen wollte. Das von Clinton aus der Ueberlieferung der attischen Redner gewonnene Anfangs= jahr der attischen Hegemonie ist in neuerer Zeit fast allgemein zur Geltung gekommen. Nur Curtius (II. 113) betrachtet das Jahr 474 nach wahrscheinlichster Rechnung als das erste Jahr, in welchem Athen die Hegemonie zur See besaß und erklärt (II. 744, Anm. 39) die Zahlenangaben von 45 Jahren bei Demosthenes**) in der Weise, daß von der herkömmlich

---

*) Panath. 56, pag. 244: Σπαρτιᾶται μὲν δέκα ἔτη μόλις ἐπεστάτησαν αὐτῶν (i. e. τῶν πραγμάτων), ἡμεῖς δὲ πέντε καὶ ἑξήκοντα συνεχῶς κατέσχομεν τὴν ἀρχήν. Die 10 Jahre spartanischer Hegemonie sind nicht als eine der athenischen Hegemonie vorausgehende Zeit anzusehen, sondern reichen von Eroberung Athens 404 bis zur Schlacht bei Knidos 894. Die 65 Jahre athenischer Hegemonie sind gerechnet von Eroberung von Byzanz 477 bis zum Abfall der Bundesgenossen von Athen nach der Niederlage in Sizilien.
**) Ol, III, pag. 85: πέντε καὶ τετταράκοντα ἔτη τῶν Ἑλλήνων ἦρξαν ἑκόντων, d. h. bis zum peloponnesischen Kriege.

auf 50 Jahre festgesetzten Zwischenzeit zwischen Abzug der Perser und Ausbruch des peloponnesischen Krieges 5 Jahre, während welcher die Spartaner noch im Besitz der Hegemonie gewesen wären, in Abzug gebracht seien. Aber abgesehen davon, daß es mißlich ist, den Begriff der Pentekontaëtie so wörtlich zu nehmen, ergäbe die andre, sich bei Demosthenes findende Zahlenangabe von 73 Jahren*) nach der Annahme von Curtius keinen vernünftigen Sinn. Den Grund, welcher Curtius bewog, von der durch Clinton gewonnenen Grundlage wieder abzuweichen, meine ich in der Scheu dieses Gelehrten entdeckt zu haben, zwischen der Begründung des delischen Bundes und der ersten erfolgreichen That desselben, der Eroberung von Eïon, welche er auf das Jahr 470 ansetzt, eine Zwischenzeit von 6 Jahren anzunehmen. Indessen können diejenigen, welche die Eroberung von Eïon als unmittelbare Folge der Uebertragung der Hegemonie an Athen und als erstes kriegerisches Lebenszeichen des neuen Bundes betrachten, eine Zwischenzeit von vier ereignislosen Jahren ebensowenig zugeben, als eine solche von 6 Jahren. Es muß daher die Frage nach dem Anfangsjahr des delischen Bundes unabhängig und getrennt von derjenigen nach dem Jahr, in welchem der Zug gegen Eïon stattfand, beantwortet werden, und da entscheiden die oben entwickelte Folge der Begebenheiten und die Angaben der Redner gegen Curtius. Ist somit das Jahr des Adeimantos als Anfangsjahr des delischen Bundes festzuhalten, so ergiebt sich folgender Abschluß der ersten Periode: Pausanias wird im Herbst 477 nach Sparta zurückberufen, wobei der Eintritt der rauhen Jahreszeit den spartanischen Behörden einen, will= kommenen Vorwand bieten mochte. Im Laufe des Winters, während in Sparta die Untersuchung wider Pausanias geführt wird, kommt im Lager vor Byzanz der Anschluß der Bundes= genossen an die Athener zustande. Im Frühjahr 476 wird Dorkis von Sparta ausgesandt; derselbe kehrt aber, sowie er den vollzogenen Umschwung der Verhältnisse erkannt hatte, nach Sparta zurück. Vom Sommer desselben Jahres an ist Aristides mit der Organisation des Bundes und der Festsetzung der Matrikeln beschäftigt. Sparta zieht sich von der Teilnahme am Perserkrieg dauernd zurück.

---

*) Philipp III, pag. 116: καίτοι προστάται μὲν ὑμεῖς ἑβδομήκοντα ἔτη καὶ τρία τῶν Ἑλλήνων, d. h. von Eroberung von Byzanz 477 bis zur Einnahme Athens 404.

II.

Als Anfangsjahr dieser Periode haben wir oben das Jahr des Abeimantos festgestellt; für den Endpunkt, die Unterwerfung von Naxos, ist wegen des Synchronismus die Todeszeit des Xerxes entscheidend.

Gegen Krüger, der dem einmal ohne stichhaltige Gründe angenommenen Jahre der Flucht des Themistokles 473 zu Liebe im Widerspruch mit der klaren Ueberlieferung Artaxerxes schon 473 zur Regierung gelangen läßt, ist von verschiedenen Seiten*) der überzeugendste Nachweis geführt worden, daß der Tod des Xerxes erst in den Hochsommer 465 fällt. Wenn nun Diodor (XI. 69) sowohl den Tod des Xerxes als den Regierungsantritt des Artaxerxes in das Jahr des Archonten Lycitheos 465/64 setzt, so ist diese Zeitbestimmung nach attischem Kalender einerseits ein Beweis dafür, daß die Angabe nicht aus Ephoros stammt, andererseits eine erneute Bestätigung für die Zuverlässigkeit der Nachrichten aus der chronologischen Quelle Diodors. Der Zeitrechnung des Ephoros entspricht es, wenn Diodor (XI. 71) unter dem Archon Tlepolemos (nach attischem Kalender 463/62) nach Ephoros Herbst 464 bis Herbst 463 sagt: Ἀρταξέρξης ὁ βασιλεὺς τῶν Περσῶν ἄρτι τὴν βασιλείαν ἀνακτησάμενος κ. τ. ἑ.

Thukydides (I. 137) erzählt, daß Themistokles, nachdem er nach Persien gekommen, ein Schreiben an den νεωστί zur Regierung gelangten Artaxerxes gerichtet habe (πορευθεὶς ἄνω ἐςπέμπει γράμματα ἐς βασιλέα Ἀρταξέρξην τὸν Ξέρξου νεωστὶ βασιλεύοντα. Nach Phanias bei Plutarch (Them. 27) suchte Themistokles durch den Chillarchen Artabanus Zutritt beim Großkönig zu erlangen. Beide Berichte führen dahin, daß Themistokles unmittelbar nach der Palastrevolution, welcher Xerxes zum Opfer fiel, am persischen Hofe anlangte, als Artabanus jene einflußreiche Stellung behauptete, die oft als siebenmonatliche Zwischenregierung bezeichnet worden ist. Von dem Eintreffen des Themistokles in Susa ist aber wohl seine Ankunft auf asiatischem Boden in Ephesus zu trennen. Sein Aufenthalt in Ephesus muß, da ihm seine Freunde das in Argos hinterlegte und in Athen bei der Konfiskation seines Vermögens gerettete Geld hierher nachschickten, mehrere Monate gedauert haben. Während Themistokles sich zu Ephesus aufhielt, konnte

---

*) z. B. Unger, Phil. XLI.

die Schlacht am Eurymedon, die im Spätsommer (s. u.) 465 stattfand, noch nicht erfolgt sein; denn sonst hätte Themistokles nicht hier die Zuflucht finden können, die ihm die Korkyräer und der Molosserkönig aus Furcht vor der Rache der Athener und Spartaner verweigert hatten. Demgemäß fällt der Auf=enthalt des Themistokles zu Ephesus in die Sommermonate, seine Flucht nach Asien in den Frühling 465. Auf solche Weise erklärt sich auch der Widerspruch bei Ephoros und den andern Geschichtsschreibern, die Themistokles zu Xerxes kommen lassen. Denn als Themistokles zu Pydna einen Kauffahrer bestieg und sich nach Asien flüchtete, war Xerxes noch am Leben. — Auf der Überfahrt nach Ephesus ward das Schiff, welches Themistokles an Bord hatte, durch einen Sturm nach der Insel Naxos ver=schlagen, welches zu dieser Zeit von der athenischen Flotte ein=geschlossen war. Auf solche Weise erfahren wir, daß Naxos im Frühjahr 465 belagert wurde. Wenn die Schlacht am Eurymedon noch im Spätsommer desselben Jahres stattfand und vor dieser Schlacht bei der großen Flotte von 200 athenischen und 100 bundesgenössischen Schiffen, die Kimon in dieser Schlacht be=fehligte, noch umfassende Rüstungen angenommen werden müssen, so muß die Übergabe von Naxos schon Ende des Frühlings 465 erfolgt sein. Wie lange die Belagerung der Insel dauerte, wissen wir nicht. Nach der frühern bedeutenden Seemacht der Naxier und der harten Strafe, die sie für ihren Abfall erwartete, zu schließen, wird ihr Widerstand ein hartnäckiger gewesen sein. Ägina und Samos hielten sich neun Monate lang, Thasos konnte sogar erst im dritten Jahre der Belagerung genommen werden. Darnach wird der Abfall von Naxos mit Wahrschein=lichkeit schon in den Sommer 466 zu verlegen sein. Daß wir nicht noch höher hinaufgehen, erklärt sich daraus, daß der Abfall von Naxos offenbar mit den Rüstungen der Perser im Jahre 466 zusammenhängt und im Vertrauen auf persische Hülfe unter=nommen worden ist. Diese Rüstungen der Perser waren eine Folge der Verurteilung des Pausanias. Xerxes, der nach Nieder=werfung des Aufstandes der Babylonier mit der Erneuerung des Krieges gegen Griechenland gezögert hatte, so lange die Ver=räterei des Pausanias ihm die Hoffnung bot, auf leichtere Weise zu seinem Ziele zu gelangen, beschloß nach dessen Tode die Offensive in vollem Maße wieder aufzunehmen.*) Der Prozeß

---

*) Just. 2, 15: nec multo post accusatus Pausanias damnatur. Igitur Xerxes cum proditionis dolum publicatum videret, ex integro bellum instituit.

des Pausanias aber wird seiner Zeit nach durch die Flucht des Themistokles bestimmt. Bedenken wir, daß Themistokles im Frühjahr 465 nach Asien floh, und daß zwischen seinem Aufbruch aus Argos und seiner Überfahrt nach Ephesus die Flucht nach Korkyra ein längerer Aufenthalt bei Abmetos, wohin ihm Weib und Kind von Athen aus nachgeschickt wurden, eine beschwerliche Reise über die Gebirge zur Winterszeit nach Pydna liegen, erwägen wir ferner, daß des Themistokles jedesmaliger Aufenthalt erst von den nachgesandten Spähern ausgekundschaftet und seine Auslieferung verlangt werden mußte, ehe er gezwungen ward, weiter zu fliehen, so kann die Verurteilung des Themistokles kaum später, als im Sommer 466 erfolgt sein. Nach Krüger's Berechnung (S. 51) füllen diese Ereignisse „schwerlich viel weniger als ein Jahr" aus, Duncker (8, 168 Anm.) will „schwerlich mehr als die Wintermonate 466 zu 465" zumessen. Unsere Schätzung bewegt sich in der Mitte zwischen diesen beiden Ansätzen. Der Tod des Pausanias fällt nach Unger in die milde Jahreszeit (Mai); denn nur Hunger, nicht auch Kälte wird als Ursache seines Todes bezeichnet.*) Ich möchte ihn eher in die rauhe Jahreszeit verlegen, da sonst der Zusatz bei Thuc. I. 134: καὶ ἐς οἴκημα οὐ μέγα, ὃ ἦν τοῦ ἱεροῦ, ἐϱελϑών, ἵνα μὴ ὑπαίϑριος ταλαιπωροίη und das darauf folgende Abdecken des Daches keinen Sinn ergäbe. Da den Spartanern alles daran gelegen sein mußte, den zu Argos lebenden Themistokles, den sie mit Recht als Urheber der neuerdings gegen ihre Machtstellung auf dem Peloponnes unternommenen Angriffe betrachteten, aus ihrer Nähe zu entfernen, so werden sie wohl bald nach dem Hungertode des Pausanias die Bestrafung des Themistokles wegen Teilnahme an dem Landesverrat des Pausanias verlangt haben. Daher muß die Verurteilung des Pausanias noch in den Ausgang des Winters desselben Jahres 466 verlegt werden, in dessen Sommer Themistokles, mit der Auslieferung bedroht, aus Argos entfloh. Wann Pausanias von Kolonae nach Sparta heimberufen wurde, läßt sich mit Gewißheit nicht entscheiden. Indessen sprechen mehrere Anzeichen dafür, daß Pausanias sich längere Zeit vor seinem Tode in Sparta aufhielt. Er hatte hier die Zeit gefunden, eine so gefährliche Verschwörung unter den Heloten anzuzetteln, daß die Teilnehmer an derselben nach seinem Untergang ohne Scheu vor der sonst so heilig gehaltenen Asylstätte am Altar des

---

*) Thuc. I. 134. Diod. XI. 45.

Poseidon am Tänaron niedergemacht wurden. Von Sparta aus
konnte er den Briefwechsel mit Artabazus noch längere Zeit
fortsetzen*) und trat wahrscheinlich hier auch erst mit dem zu
Argos lebenden Themistokles in Verbindung. Zudem werden
die Athener nach der mit Waffengewalt erzwungenen Vertreibung
des Pausanias aus Byzanz an die Spartaner die entschiedene
Forderung gestellt haben, ihren Regenten, der sich unter persischen
Schutz geflüchtet und dadurch sein Einverständnis mit dem
Landesfeind offenkundig gemacht hatte, zurück zu berufen, und
Sparta war nicht in der Lage, eine solche Forderung in diesem
Augenblick von der Hand zu weisen, wo sein Entschluß durch
den Synökismus der Eleer, den Aufstand der Arkadier, die
Nebenbuhlerschaft der Argiver bedroht war, wo es befürchten
mußte, im Weigerungsfalle Athen, welches damals durch den
Sparta günstig gesinnten Kimon geleitet wurde, auf die Seite
der Feinde Sparta's zu drängen. Nach diesen Umständen zu
urteilen fällt des Pausanias zweite Rückberufung als Folge der
Siege Kimon's in den Jahren 470 und 469 vielleicht schon in
das darauf folgende Jahr 468.

In seinem kurzen Bericht über die Ereignisse dieses Zeit=
raums seit Begründung des delischen Bundes erwähnt Thuky=
dides (I, 98) vor dem Aufstand von Naxos drei Kriegszüge
der Athener: gegen Eion, Skyros und die Karystier. Daß
dieses keine vollständige Aufzählung aller Ereignisse in den
10 ersten Jahren seit Bestehen des delischen Bundes sein soll,
hat schon Grote (III, 229) richtig erkannt und durch ein
positives Zeugnis aus Herodot (III, 106—107) erwiesen.
Aus letzterem erfahren wir, daß in diesem Zeitraum die Be=
satzungen, welche die Perser an verschiedenen Punkten Thraciens
und des Hellesponts, inne hatten, verjagt wurden mit Aus=
nahme derjenigen von Dorislos, welche unter ihrem tapfern
Kommandanten Maskames die wiederholten Stürme der Griechen
siegreich zurückschlug. Da wir nun nicht wissen, wann diese
Vertreibung der persischen Garnisonen und die Angriffe auf
Dorislos stattfanden, ob dieselben der ersten von Thukydides
erwähnten Kriegsoperation, der Eroberung von Eion, voraus=
gingen oder erst folgten, so gewinnen wir hierdurch keine Be=
stimmung für die Zeit, in welcher der Zug gegen Eion unter=
nommen wurde. Allerdings sagt Thukydides (I, 98): πρῶτον

---

*) Thuc. I. 188. προτιμηθείη δ'ἐν ἴσῳ τοῖς πολλοῖς τῶν
διακόνων ἀποθανεῖν.

μὲν Ἠϊόνα τὴν ἐπὶ Στρυμόνι Μήδων ἐχόντων· πολιορκίᾳ εἷλον, aber da Thukydides eben nicht alle Vorkommniſſe der Geſchichte dieſer Jahre, ſondern nur diejenigen erzählt, welche mit der ſpätern Geſchichte Athens in Beziehung ſtehen, ſo beweiſt dieſe Ausdrucksweiſe nicht, daß die Heerfahrt nach Eïon die erſte kriegeriſche That des neuen Bundes überhaupt war, ſondern nur die erſte von denjenigen, die Thukydides mitteilt.

Die Zeit für den zweiten der von Thukydides erwähnten Feldzüge ſteht mit ziemlicher Sicherheit feſt. Plutarch im Leben des Kimon (Cap. 8) berichtet, zu der Zeit, als Kimon die Gebeine des Theſeus von Skyros nach Athen zurückbrachte, ſei der jugendliche Sophokles zum erſten Mal gegen Aeſchylos als Dichter aufgetreten und Kimon habe mit ſeinen Mitfeldherrn, vom Archon Apſephion zu Kampfrichtern erwählt, den Wett= ſtreit zu Gunſten des Sophokles entſchieden. Da nun Apſephion Archon des Jahres 469/68 und die Rückführung der Gebeine des Theſeus eine Folge der Eroberung von Skyros war, ſo fällt dieſe in den Winter 469/68, welcher den im März ge= feierten großen Dionyſien vorausgeht. Nun läßt aber Plutarch im Leben des Theſeus (Cap. 36) das Orakel, durch welches den Athenern die Rückführung der Gebeine des Theſeus ge= boten wurde, unter dem Archonten Phädon 476/75 erteilen. Daß er ſich hierdurch nicht in Widerſpruch mit der obigen Verſion, welche die Rückführung unter Apſephion 469/68 er= folgen läßt, zu ſetzen glaubte, beweiſt der Umſtand, daß Plutarch ſich ausdrücklich auf das im Leben des Kimon hierüber Berichtete berief (οὐ μὴν ἀλλὰ Κίμων ἑλὼν τὴν νῆσον, ὡς ἐν τοῖς περὶ ἐκείνου γέγραπται κ. τ. ἑ.) Auch ſucht er einen Grund für die ſpäte Erfüllung des Orakels anzugeben (ἦν δὲ καὶ λαβεῖν ἀπορία καὶ γνῶναι τὸν τάφον ἀμιξίᾳ καὶ χαλεπότητι τῶν ἐνοικούντων Δολόπων). Dagegen iſt nun von den ver= ſchiedenſten Seiten der Einwand erhoben worden, daß es äußerſt unwahrſcheinlich ſei, zwiſchen der Verkündigung des Orakels und ſeiner Ausführung eine Zwiſchenzeit von 7 Jahren anzu= nehmen. Die ſehr erheblichen Gründe, wie ſie namentlich von Krüger (S. 40 ff.) gegen eine ſolche vorgebracht worden, ſind folgende: nach dem Scholiaſten zu Aristoph. Plutos 627 ſollte durch die ſchleunige Ueberführung der Gebeine des Theſeus eine zu Athen herrſchende Peſt beſeitigt werden und Aeneas von Gaza bei Theophraſt berichtet, daß das Mittel geholfen habe. Bei Pauſanias (III. 3, 7) wird von der Auffindung der Gebeine des Theſeus die Eroberung von Skyros abhängig

gemacht. Kimon findet die Gebeine καὶ μετ' οὐ πολὺ εἷλε
τὴν Σκῦρον. Alle diese Stellen, zu denen noch Ael.
Aristid. 3, 241 und die Scholien 3, 688, Dindorf, hinzu-
kommen, beweisen, daß man sich Orakel und Ausführung in
unmittelbarer Zeitfolge dachte. Duncker freilich (8, 147) will
die Ueberlieferung aufrecht erhalten und findet den Anstoß, den
man daran genommen hat, die Erteilung des Orakels unter
Phädon, die Rückführung der Gebeine unter Apsephion erfolgen
zu lassen, für ungerechtfertigt; indessen haben alle anderen Gelehrten mit Entschiedenheit die Untrennbarkeit beider Ereignisse
behauptet, und es ist auch nicht recht verständlich, warum die
Athener, wenn es ihnen wirklich um die Erfüllung des Orakels
ernstlich zu thun war, mit der Ausführung so lange gezögert
haben sollten. Den Widerstand der Doloper zu brechen, war
Athen, das unter Phädon schon an der Spitze des delischen
Bundes stand, leicht imstande, und der Seeraub, den die Be-
wohner der Insel Skyros betrieben, bot den Athenern Anlaß
genug einzuschreiten und auch die Hülfe der Bundesmitglieder
in Anspruch zu nehmen. So bleibt denn nichts übrig, als
einen Irrtum Plutarchs oder einen Widerspruch seiner Quellen
anzunehmen. Krüger entschied sich für erstere Annahme und
suchte, wie auch an andern Stellen, das Versehen Plutarchs
auf Verwechselung der beiden Archontennamen Phädon und
Apsephion zurückzuführen. Statt der Schreibweise Ἀψηφίονος
in Marm. Par. finden sich Plut. Cim. 8 Ἀψεφίων, bei
Diogenes Laert. II. 44. Ἀψίωνος oder Ἀφεψίωνος, bei
Diodor XI. 63 sogar Φαίωνος. Nun ist es klar, daß auf
diese Weise Apsephion wohl in Phädon corrumpiert werden mochte,
daß aber nicht aus Phädon die längere Form Apsephion entstehen
konnte. Da nun aber Krüger, dem Ansatz Clinton's folgend, die
Eroberung der Insel in das Jahr 476 versetzte, so vermutete er, daß
Kimon zweimal triumphierenden Einzug gehalten habe, einmal
unter Phädon mit den Gebeinen des Theseus, sodann nach
der Schlacht am Eurymedon unter Apsephion, und auf diesen
letzteren Einzug bezieht er das Preisrichteramt des Kimon. Dem
steht nun nicht nur entgegen, daß Plutarch den Kimon nach der
Rückkehr von Skyros mit dieser ehrenvollen Aufgabe betraut
werden läßt, sondern Krüger's Vermutung wird schon dadurch
vollständig widerlegt, daß die Schlacht am Eurymedon gar nicht
469 stattfand, da die Unterwerfung von Naxos, welcher sie nach
Thukydides in der Zeit nachfolgt, erst in das Jahr 465 gehört.
Oncken (I. 106) hielt nun allerdings Krüger's Zeitbestimmung

der Schlacht von Eurymedon für falsch, bleibt aber demungeachtet
bei dem Jahr 476 stehen, da er die Vertreibung der Doloper
in unmittelbare Verbindung mit der Eroberung von Eïon setzt
und erstere Unternehmung „ein für Athen fast ganz unblutiger
Handstreich war, den man gewissermaßen ex itinere bei der
Rückfahrt von Eïon unternehmen konnte" (S. 103). Dadurch
wird er genötigt, „die Geschichte von dem tumultuarischen Feld=
herrnurteil in Sachen des Sophokles gegen Äschylos" für eine
Erfindung zu erachten. Jedoch hat Oncken diese Erzählung
Plutarchs, mag dieselbe nun, wie Schneidewin (Philol. III.
734 ff.) und Rühl (Quelle Plutarchs im Leben des Kimon
S. 36) wahrscheinlich mit Recht behaupten, auf Jon von Chios
zurückgeführt werden oder nach Holzapfel (S. 166) dem Philo=
choros zuzuweisen sein, mit Unrecht angezweifelt. Auch durch
den Marm. Par. cp. 56 ist es bezeugt, daß der erste tragische
Sieg des Sophokles, welchen Plutarch mit dem Preisrichteramt
des Kimon in Verbindung bringt, unter den Archon Apsephion
fällt; und daß dieser Archon den zehn Strategen, die ja eben=
falls die zehn Stämme vertraten und den Athenern eben die
Reliquien der Stadtheroen zurückbrachten, die Ehre erwies, in
diesem dramatischen Wettkampf als Schiedsrichter zu fungieren,
erscheint als eine höchst glaubwürdige und dem Charakter der
Athener, die ja diese Wahl mit freudiger Zustimmung begrüßt
haben sollen, völlig entsprechende Angabe.

Auch haben alle diejenigen, welche wie Pierson und Holzapfel
die Möglichkeit eines längeren Zeitraums zwischen den beiden Feld=
zügen gegen Eïon und Skyros zugeben, kein Bedenken getragen, die
Erzählung Plutarchs als historisch anzunehmen. Wenn deshalb
Oncken Bedenken trug, beide Unternehmungen der Athener
durch eine längere Zwischenzeit zu trennen, so hätte er, statt
ohne jeden Grund diese Erzählung Plutarchs zu verwerfen,
vielmehr die Eroberung Eïons für das Jahr 469 ansetzen
müssen, eine Konsequenz, die Schäfer, Curtius u. a. auch
wirklich gezogen haben. Jedenfalls ist es völlig unberechtigt
unter der Voraussetzung, daß die Erorberung Eïons 476 statt=
fand, die Ueberlieferung, je nachdem sie sich mit dieser Vor=
aussetzung verträgt oder derselben widerspricht, anzuerkennen
oder über Bord zu werfen.

Steht somit die Thatsache, daß Skyros 469/68 erobert
wurde, fest, so vermag ich dennoch nicht zuzugeben, daß, wie
Schäfer, Curtius, Holzapfel, Unger u. a. verlangen, Plut.
Thes. 36 statt Φαίδωνος einfach Ἀψεφίωνος zu schreiben

wäre. Schon oben habe ich darauf aufmerksam gemacht, daß
Plutarch bei dieser Stelle im Leben des Theseus sich auf das
über Kimon Geschriebene beruft. Es ist daher wenig wahr=
scheinlich, daß der Name Phädon durch ein Versehen Plutarchs
sich eingeschlichen hat, und die verschiedene Lesart ist sicherlich
darauf zurückzuführen, daß Plutarch in den Lebensbeschreibungen
des Theseus und Kimon zwei verschiedene Quellen vor sich
hatte, von denen die eine Phädon, die andere Apsephion gab.

Daß dem in der That so war, und Plutarch die Nennung
der verschiedenen Archontennamen aufgefallen war, ergiebt sich
daraus, daß Plutarch die Zwischenzeit zwischen Erteilung und
Ausführung des Orakels durch die ἀμιξίᾳ καὶ χαλεπότητι
τῶν ἐνοικούντων Δολόπων zu erklären sucht, denn diese Be=
gründung halte ich für einen selbstständigen Zusatz Plutarchs.
Hat nun Rühl unter Berufung darauf, daß Hellanikus mit
großer Ausführlichkeit über Theseus geschrieben und von Plutarch
im Leben des Theseus nachweislich öfter benutzt worden sei,
mit Recht behauptet (S. 15 u. 49) Plutarch habe die Auf=
findung im Leben des Theseus nach Hellanikus, die Vertreibung
der Doloper im Leben des Kimon nach Theopomp erzählt, so
wäre damit der Beweis geliefert, daß Thukydides mit Fug
und Recht gegen Hellanikus den Vorwurf der Ungenauigkeit in
den Zeitangaben erhoben hat.*)

Der Krieg mit den Karystiern folgt in dem Summarium
des Thukydides der Vertreibung der Doloper. Da nach der
Umwandlung von Skyros in attisches Gebiet wohl der Ein=
tritt der Inseln Skiathos, Peparethos und Ikos in den
delischen Bund erfolgte (Kirchhoff: Hermes XI. S. 12) und
der Krieg gegen die Karystier durch einen Vertrag beendigt
wurde, welche Karystos gleichfalls der attischen Bundesgenossen=
schaft einverleibte oder zu erneutem Gehorsam verpflichtete, so
ist diese Unternehmung als der Schlußpunkt der Ausdehnung
des Bundes in diesen Gegenden zu betrachten und erfolgte wohl
nicht lange nach der Eroberung von Skyros. Die allgemeine
Annahme, daß der Krieg mit Karystos im Sommer 468 statt=
fand, hat daher alle Wahrscheinlichkeit für sich.

Von den durch Thukydides überlieferten Kriegsereignissen
der ersten zehn Jahre bleibt somit nur noch die Eroberung von
Eïon zu fixieren übrig. Wir hatten schon mehrfach Gelegenheit

---

*) Holzapfel's Meinung (S. 166), daß beide Erzählungen aus einer
Quelle und zwar aus Philochoros stammen, kann ich aus obigem Grunde
nicht beipflichten.

gefunden, barauf hinzuweisen, baß die Frage nach dem Jahre, in welchem die Einnahme dieser Festung erfolgte, bald mit der Zeit der Begründung des delischen Bundes, bald mit derjenigen der Unterwerfung von Skyros in Verbindung gebracht wurde. Oncken z. B. war überzeugt, daß „diese erste Waffenthat des neuen Bundes" unmittelbar auf die Gründung desselben gefolgt sein müsse, und setzte, da er unmittelbar nach dem Zuge gegen Eïon die Einnahme von Skyros folgen läßt, letzteres Unter= nehmen ebenfalls in das Jahr 476. Curtius dagegen ging in seiner Zeitrechnung von der Bestimmung aus, daß Skyros Frühjahr 468 erobert wurde, und verlegte daher die Eroberung von Eïon in das Jahr 469, die Belagerung, die sich lange hinzog, teilweise schon in das vorhergehende Jahr 470. Da er aber gegen einen so langen Zeitraum von Unthätigkeit des neuen Bundes, der eine so späte Aussendung der Expedition gegen Eïon vorauszusetzen scheint, Bedenken hegte, so beging er den Fehler, die Begründung des delischen Bundes in das Jahr 474 hinabzurücken.

Holzapfel nun, dem Pierson, ohne daß er es zu wissen scheint, darin vorangegangen war, bestritt einen solch unmittel= baren Zusammenhang zwischen den Feldzügen gegen Eïon und Skyros. πρῶτον-ἔπειτα, durch welche Zeitbestimmungen die beiden Unternehmungen bei Thuc. I. 98 eingeleitet werden, bezeichnet nach Holzapfel (S. 85) ebenso wie primum-deinde nur die zeitliche Aufeinanderfolge im allgemeinen und lassen es unentschieden, welcher Zeitraum zwischen betreffenden Ereignissen liegt. Er setzt deshalb den Fall Eïons 476 (Pierson 475), den Zug gegen Skyros 469/68. Dem gegenüber ist zunächst darauf hinzuweisen, daß bei Diodor diese beiden Ereignisse in einer Weise erzählt werden, daß dabei an eine unmittelbare zeitliche Verbindung gedacht werden muß; sie werden nämlich als Glieder eines Satzes nur durch μὲν-δὲ getrennt (XI. 60): ταύτην μὲν Περσῶν κατεχόντων ἐχειρώσατο, Σκῦρον δὲ Πελασγῶν ἐνοικούντων καὶ Δολόπων ἐξεπολιόρκησεν. Auch nach Plut. Cim. 8 schicken die zum Schadenersatz ver= urteilten Räuber Briefe an Kimon, er möge mit der Flotte erscheinen, um die Insel in Besitz zu nehmen (ἐκεῖνοι πέμπουσι γράμματα πρὸς Κίμωνα κελεύοντες ἥκειν μετά τῶν νεῶν ληψόμενον τὴν πόλιν). Darnach zn urteilen stand Kimon mit einer Flotte irgendwo in der Nähe, und da Plutarch unmittelbar vorher die Eroberung Eïons erwähnt hatte, so ist bei μετά τῶν νεῶν an die Flotte zu denken, welche vor Eion gelegen hatte. Wenn aber auch manche geneigt fein follten, der Autorität Diodors oder Plutarchs in chronologischen Fragen kein Gewicht beizulegen, fo ift doch wegen der Ausdrucksweife des Thukydides in diefer Ueberficht an eine Zwifchenzeit von 7 Jahren zwifchen beiden Unter= nehmungen nicht zu benken. Denn wie Unger gegen Holzapfel richtig hervorhebt, hat Thukydides bei den mehrjährigen Inter= vallen und Vorgängen in diefer Ueberficht auch ftets die Dauer derfelben beigefügt, z. B. daß Thafos fich im britten Jahre übergab (I, 101), die Meffenier in Ithome erft im zehnten Jahre kapitulierten (I, 103), der Krieg in Aegypten 6 Jahre andauerte (I, 110), vom Zug des Perikles gegen den Pelo= ponnes bis zum fünfzigjährigen Waffenftillftand 3 Jahre ver= ftrichen, (I, 112), Samos im fechften Jahre nach bem breißig= jährigen Frieden abfiel. Da nun durch die Darftellung der Schriftfteller und auch aus Gründen, die der innern Wahr= fcheinlichkeit entnommen find, die Aufhebung des verrufenen Raubneftes mit dem erften fiegreichen Erfcheinen der attifchen Flotte in diefen Gewäffern in unmittelbare Verbindung gebracht wird, fo wäre es am einfachften, die Eroberung Eions in das Jahr 469 zu verlegen und die Zwifchenzeit mit Vertreibung der Perfer aus ihren Garnifonen in Thrazien und am Helles= pont, deren Herodot Erwähnung thut, auszufüllen. Nun aber erzählt uns Plutarch (Cap. 7), daß Kimon als Feldherr gegen Thrazien zur See ging, als der Uebertritt der Bundesgenoffen zu ihm bereits entfchieden war. (Κίμων δὲ, τῶν συμμάχων ἤδη προςκεχωρηκότων αὐτῷ, στρατηγὸς εἰς Θρᾴκην ἔπλευσε) und der Scholiaft des Aefchines (de falsa leg. 31) macht die Angabe, daß attifche Koloniften nach Einnahme Eions unter dem Archon Phädon von den Thrakern aufgerieben worden feien, (τὸ πρῶτον μὲν Λυσιστράτου καὶ Λυκούργου καὶ Κρατίνου στρατευσάντων ἐπ' Ἠϊόνα τὴν ἐπὶ Στρυμόνι διεφθάρησαν ὑπὸ Θρᾴκων εἰληφότες Ἠϊόνα ἐπὶ ἄρχοντος Ἀθήνησι Φαίδωνος).

Hier haben wir ja zwei pofitive Zeugniffe, daß Eion fchon 476/75 genommen wurde. Wie verträgt fich bamit jene andere Anordnung der Ereigniffe, nach der Eion 469 erobert fein mußte? Duncker (S. 84) fuchte dadurch einen Ausweg aus biefem Dilemma zu finden, daß er eine zweimalige Eroberung Eions annahm, zuerft im Jahre 476 gegen die Perfer, darauf im Jahre 469 gegen die Thraker, welche fich Eions nach Ücer=

wältigung der Athener bemächtigt hätten. Es tritt hier, wie
schon vorher beim Orakel in betreff der Rückholung der Gebeine
des Theseus uud noch weiterhin bei der Verbannung des
Leotychides, das Bestreben Duncker's hervor, den Widerstreit
der Überlieferung durch Hypothesen zu überbrücken, deren Beweis
uns aber schuldig geblieben wird. Wie Kirchhoff's Behauptung
einer zweimaligen Eroberung von Sestos allseitigen Beifall ge=
funden hat, und in sämtliche neueren Geschichtsdarstellungen
dieser Zeit übergegangen ist, so hat auch Duncker's Entdeckung
einer zweimaligen Eroberung Eïons gleich Schule gemacht und
ist z. B. in Hertzberg's „Geschichte der Griechen" ohne den
leisesten Ausdruck von Zweifel schon als Thatsache angeführt
worden. Um so mehr muß man daraf gespannt sein, die Be=
gründung zu vernehmen, auf welche hin Duncker's Annahme
sofortige unbedingte Zustimmung gefunden hat. Abgesehen von der
Angabe des Scholiasten, auf die wir weiterhin zurückkommen, stützt
sich Duncker zunächst darauf, daß der Angriff auf Eïon nach Plu=
tarchs Angabe τῶν συμμάχων ἤδη προςκεχωρηκότων er=
folgte. Aber Plutarch kennt nur eine Anwesenheit des Pau=
sanias zu Byzanz; der Übertritt der Bundesgenossen zu den
Athenern und die Vertreibung des Pausanias aus Byzanz
finden nach ihm zur selbigen Zeit statt. Schloß sich daher der
Zug nach Eïon an die Verjagung des Pausanias an, so war
dies bei Plutarch, für den die Zwischenzeit zwischen dem ersten
und zweiten Aufenthalt des Pausanias in Byzanz nicht existiert,
die Zeit „da die Bundesgenossen bereits übergetreten waren".
— Nächstdem beruft sich Duncker auf das Zeugnis des Thu=
kydides: „Daß die Einnahme Eïons gegen die Meder," sagt er,
„die erste Unternehmung des neuen Bundes und die erste selbst=
ständige That Kimons war, bezeugt Thukydides a. a. O.:
Zuerst nahmen sie durch Belagerung unter Kimons Führung
Eïon am Strymon, welches die Perser besetzt hielten" (8. 83).
Was Thukydides betrifft, so haben wir schon oben erklärt, daß
aus seiner Darstellungsweise in dieser Episode vielmehr der
Schluß zu ziehen ist, daß der Zug gegen Eïon der Unternehmung
gegen Skyros 469 unmittelbar vorherging, da kein Zeitintervall
zwischen beiden angegeben ist, und auch das haben wir schon
bemerkt, daß durch πρῶτον nicht die erste Unternehmung des
neuen Bundes überhaupt, sondern die erste von den bei Thuky=
bides angeführten gemeint ist. — „Abgesehen von der Angabe
des Thukydides und des Scholiasten," fährt Duncker fort, „der
neue Bund konnte doch nicht sechs Jahre bis zu seiner ersten

Unternehmung verstreichen lassen." Aber der Zug gegen Eion brauchte gar nicht der erste Kriegszug des neuen Bundes zu sein; ja, um es gleich vorweg zu sagen, es ist gar nicht wahrscheinlich, daß die Hellenen sich nach Eroberung von Byzanz zunächst gegen Eion gewandt haben. Näher als die Wegnahme dieser Festung lag ihnen die Eroberung von Doriskos, die nicht verschoben werden konnte, wenn nicht alle durch Einnahme von Sestos errungenen Vorteile wieder in Frage gestellt werden sollten. Der Chersones war das Besitztum der Athener; hier lagen die Hausgüter der Familie Kimons; und die Athener unter Kimon sollten gegen Eion gesegelt sein und diese Festung, welche den wichtigen Hebrosübergang beherrschte, die in unmittelbarer Nachbarschaft des Chersones gelegen und in Verbindung mit dem thrazischen Hinterland den Persern als Stützpunkt für die Wiedergewinnung von Sestos dienen konnte, unbezwungen in ihrem Rücken zurückgelassen haben, ohne auch nur den Versuch zu machen, durch einen Sturm dieselbe zu gewinnen? Der Operationsplan der Griechen, wie er durch die Eroberung von Sestos und Byzanz angedeutet ist, bestand offenbar darin, zwischen die thrazischen und kleinasiatischen Besitzungen der Perser einen Keil einzudrängen, um einerseits den Persern, welchen durch die Wegnahme des größeren Teiles von Kypros der Seeweg nach Hellas gesperrt war, nun auch den Zuzug zu Lande zu wehren, andrerseits die weit nach Europa hinein vorgeschobenen Posten der Feinde von ihrer Rückzugsbasis abzudrängen. Fiel Doriskos, das, wie es nach Plut. Cim. cap. XIV wirklich der Fall gewesen zu sein scheint, zu Schiffe leicht die Verbindung mit der nahegelegenen Küste von Troas unterhalten konnte, den Griechen in die Hände, so war der Fall der übrigen, nunmehr von den Hülfsquellen der Heimat abgeschnittenen Festungen nur noch eine Frage der Zeit, und es bedurfte keiner langwierigen Belagerung Eions zur Gewinnung dieses Platzes; mit dem Ausbleiben des Nachschubs war auch der Widerstand dieser Feste gebrochen. Hören wir nun, daß in der That wiederholte Stürme der Hellenen auf Doriskos, aber vergeblich stattgefunden haben, so werden wir dieselben wohl mit Recht in die erste Zeit des neuen Bundes verlegen. Also auch dieses aus der Natur der Verhältnisse hergeleitete Argument Duncker's ist keineswegs stichhaltig. Eine weitere Beglaubigung für seine Annahme findet Duncker in dem Beifall, den Kimon im Gegensatz zu Themistokles auf den Olympien des Jahres 472 gefunden haben soll. Es ist dies nach ihm ein neuer Beweis, daß Kimon bereits vor diesem Jahre wackere Kriegsthaten verrichtet habe. Nach Plutarchs Darstelluug, der (Them. c. 5) diesen Wettstreit im Aufwand zwischen Kimon und Themistokles berichtet, hat es jedoch durchaus nicht den Anschein, als ob die Olympienfeier des Jahres 472 gemeint sei. Dem Kimon, so lautet dort das Urteil der Hellenen, der noch jung sei und aus einem großen Hause stamme, dürfe man einen solchen Aufwand nachsehn, aber an Themistokles, der „noch nicht berühmt" war, mißfiel ihnen ein solcher Aufwand, „da seine Mittel dazu nicht auszureichen schienen". War Kimon, wie Duncker (8, 89) annimmt, um 510 geboren,*) so brauchte 472 kaum noch seine Jugend hervorgehoben zu werden (ἐκείνῳ μὲν γὰρ ὄντι νεῳ) und lag vor dieser Olympienfeier dir Eroberung von Eion, so brauchte man bei Kimon nicht mehr seine Abstammung aus einem edlen Hause als Ent- schuldigungsgrund anführen; dann konnte Kimon seine eigenen Verdienste in die Wagschale werfen. Und nun vollends die Bemerkung, daß Themistokles damals noch nicht berühmt war (ὁ δὲ μήπω γνώριμος γιγονώς)! Um das Jahr 472 war ja Themistokles fast am Ende seiner ruhmvollen Laufbahn. Hat Krüger mit Recht behauptet, daß Themistokles erst Ol. 74, 3 Archon war und daß der von Dionys. Archaeol. VI. 34 erwähnte Archon des Jahres Ol. 71, 4 nicht der be- rühmte Themistokles war, so könnte man die von Plutarch überlieferte Episode auf die Olympienfeier 484 beziehen. Kallias, welcher für Kimon die Schulden des Vaters bezahlte, kann diesem auch die Mittel geboten haben, den Aufwand zu Olympia zu bestreiten. Denn daß Kimon auch vor 480 nicht unbegütert war, beweist der durch sein erstes Auftreten vor der Schlacht bei Salamis, als er den Zaum seines Rosses der Göttin auf der Akropolis weihte, bezeugte Umstand, daß er in der Reiterei diente. Auch die Worte, daß Themistokles über seine Mittel und wider Gebühr groß zu thun scheine, (δοκῶν ἐξ οὐχ ὑπαρχόντων καὶ παρ᾽ ἀξίαν ἐπαίρεσθαι) kann man wohl eher auf den Themistokles beziehen, der seine politische Laufbahn mit einem Vermögen von 3—5 Talenten begonnen haben soll (Plut. Comp. Aristid. c. Catone 1: πέντε γὰρ ἢ τριῶν ταλάντων οὐσίαν αὐτῷ γενέσθαι λέγουσιν, ὅτε πρῶτον ἧπτετο τῆς

---

*) Die Schätzung scheint mir etwas zu hoch gegriffen zu sein und Hertzberg, der (S. 196) seine Geburt zwischen 507 und 504 verlegt, mehr das Richtige zu treffen.

πολιτείας) als auf den Themiſtokles, dem als Feldherrn der Athener bei Salamis ein Zehntel von deren geſamtem Beute= anteil zugefallen war, deſſen konfisziertes Vermögen ſpäter, un= gerechnet die durch ſeine Freunde geretteten Gelder, nach Theophraſt die Summe von 80 Talenten, nach Theopomp ſogar den Betrag von 100 Talenten erreichte (Plut. Them. XXV). — Aber ſelbſt zugegeben, daß Plutarch ſich in den Zeitangaben geirrt hat, daß der Wettſtreit zwiſchen Kimon und Themiſtokles ſich auf die Olympienfeier des Jahres 472 bezieht, ſo ſchließt doch auch Duncker ſelbſt aus dem Beifall, den Kimon fand, nur, daß derſelbe ſich bereits vor dieſem Jahre ausgezeichnet hatte. Als bei dem Heranzuge des Xerxes die Bevölkerung zögerte, die Heimat und die Heiligtümer zu verlaſſen, hatte Kimon der Menge ein Vorbild kühnen Entſchluſſes gegeben (οὐκ ὀλίγοις ἀρχὴ τοῦ θαρρεῖν γενόμενος); in den Schlachten bei Artemiſium und Salamis hatte er ruhmvoll mitgefochten (Plut. Cim. V, φανεὶς δὲ καὶ κατ᾽ αὐτὸν τὸν ἀγῶνα λαμπρὸς καὶ ἀνδρώδης). Im nächſten Jahre geht er mit Xanthippos und Myronides als Geſandter nach Sparta, um die Spartaner zum Ausmarſch zu bewegen (Plut. Aristid. 10), und das Jahr darauf hatte er unter dem Flottenbefehl des Pauſanias ſich bei allen gefahrvollen Unternehmungen den Bundesgenoſſen ange= ſchloſſen (Plut. Arist. 23: καὶ τὸν Κίμωνα παρέχων εὐ- άρμοστον αὐτοῖς καὶ κοινὸν ἐν ταῖς στρατείαις.) Durch ſeinen entſchiedenen Beitritt zur Politik des Themiſtokles .in jener gefahrvollen Zeit beim Nahen der Perſer, durch die patriotiſche Selbſtverleugnung, mit der er dem Xanthippos, dem Ankläger ſeines Vaters, ſich anſchließend nach Sparta ging, durch ſeine ruhmvolle Anteilnahme an den kriegeriſchen Erfolgen dieſer Zeit hatte ſich Kimon Verdienſte genug erworben, um reichlichen Beifall bei den Olympien des Jahres 472 zu ernten, ohne daß man deshalb an die Eroberung Eions zu denken braucht.

Mit Recht hat dagegen Duncker unter ſeinen Beweis= mitteln eines Umſtandes nicht Erwähnung gethan, der gewöhnlich unter den Argumenten für die Eroberung Eions im Jahre 476 zu figurieren pflegt. Blaß (Neues Rhein. Muſeum XXIX, 481 ff.: Aeschylos’ Perſer und die Eroberung von Eion) hat aus der genauen Kenntnis der Strymongegenden, welche an einzelnen Stellen (v. 492 ff., 868 ff.) der 472 aufgeführten Perſer zu Tage tritt, den Schluß gezogen, daß Eion vor 472 eingenommen worden ſei. Denn nur, wenn die Athener kurz

vor Aufführung der Perser den Feldzug gegen Eion unter=
nommen hätten, könnten die doch für das Verständnis der Zu=
hörer berechneten Anspielungen über jene Gegenden vom Dichter
gewagt worden sein. Dagegen ist nun hervorzuheben, daß die
Silbergruben im Gebiet des Strymonflusses und der Gold=
reichtum des Pangaiongebirges, wie die zahlreichen, von Isokrates
(Philipp 5) überlieferten, mißglückten Kolonisationsversuche be=
zeugen, schon frühzeitig die Aufmerksamkeit der gesamten
griechischen Welt auf sich gezogen hatten. Aristagoras, der
Bundesgenosse Athens, hatte Myrkinos daselbst besessen; die
Thasier besaßen hier Bergwerke, auf deren trefflicher Aus=
beutung der Reichtum ihrer Insel beruhte; die Athener selbst
hatten in Lemnos, Chersones und Sigeion alte Besitzungen,
von denen aus sie mit den Thrakern in Verkehr getreten sein
mußten, da z. B. die Mutter Kimons, Hegesipyle, eine Tochter
des thrakischen Fürsten Oloros, aus diesen Gegenden war; es
liegt deshalb kein Grund vor, mit Blaß aus jenen Stellen bei
Aeschylos auf eine vorhergehende Eroberung Eions zu schließen,
sondern auch ohne eine solche konnte Aeschylos bei seinen Zu=
hörern eine speziellere Lokalkenntnis der Strymongegenden vor=
aussetzen.

Also alle diese Gründe, die man für das Jahr des Phä=
don als dasjenige, in welchem Eion erobert sein soll, vorge=
bracht hat, beweisen mit Ausnahme des Zeugnisses des Scho=
liasten durchaus nichts für diese Zeitbestimmung. Wenn nun
Duncker sich grade auf letztere Angabe stützen wollte, so mußte
er gegen das Gewicht dieses positiven Zeugnisses, die unbe=
stimmten Zeitandeutungen der Historiker, welche für das Jahr
469 sprechen, verwerfen und die Eroberung Eions in das Jahr
476/75 verlegen. Auf keinen Fall ergäbe sich hieraus schon
der Beweis für die zweimalige Eroberung Eions. Wir haben
indes bisher das hauptsächlichste Beweismittel Dunker's noch
unerwähnt gelassen. „Pausanias belehrt uns," so folgert
Dunker (S. 145), „daß Kimon Eion dadurch genommen, daß
er den Strymon gegen die Ziegelmauern der Stadt geleitet,
der sie umgestürzt habe. Gegen den Boges hatte er Eion
durch brennenden Hunger bezwungen, wie uns Herodot und der
Hermes in der Halle der Hermen übereinstimmend sagten; die
Eroberung durch den Strymon kann somit nur bei einem
zweiten Angriff stattgefunden haben." Und weiter unten:
„Da wir nun wissen, daß Eion einmal durch Hunger und das
andre Mal durch den Strymon bezwungen wurde, da wir

ferner wissen, daß die attischen Kolonisten im Frühjahr 475 von den Thrakern überwältigt worden sind, da sich attische Kolonisten in Eion, wo die Perser, wie uns Herodot ausdrücklich und wiederholt meldet, Garnison und Befehlshaber hatten, vor deren Ueberwältigung nicht niederlassen konnten, werden wir die erste gegen die Perser gerichtete Belagerung von der zweiten gegen die Thraker zu unterscheiden, die erste 476, die zweite 469 zu setzen haben."

Duncker verschweigt hierbei, was seine ganze Schlußfolgerung umwirft; er stellt es so dar, als ob Pausanias nur berichte, daß Eion einmal durch den Strymon bezwungen worden sei. Aber des Pausanias Worte an dieser Stelle (8. 8. 9) besagen ausdrücklich, daß die Belagerung Eions dabei gegen Boges und die Perser geleitet wurde: τοῦτο οὐκ Ἀγησίπολις τὸ στρατήγημα ἐς τὸ τεῖχος τῶν Μαντινέων ἐστὶν ὁ συνείς ἀλλὰ πρότερον ἔτι Κίμωνι ἐξευρέθη τῷ Μιλτιάδου Βόγην πολιορκοῦντι ἄνδρα Μῆδον καὶ ὅσοι Περσῶν Ἠϊόνα τὴν ἐπὶ Στρυμόνι εἶχον. Daß dieser Bericht des Pausanias sich sehr wohl mit dem Herodots vereinigen läßt, zeigt die Darstellung, wie Curtius sich den Verlauf der Belagerung denkt (II, 119): „Er (Kimon) mußte den Sturm aufgeben und warten, bis die Vorräte der vollgedrängten Feste ausgehen würden. Zugleich dämmte er den untern Lauf des Strymon ab, so daß das Wasser an den Mauern emporstieg und die ungebrannten Lehmsteine aufgeweicht wurden. Als Boges die Mauern stürzen sah, versenkte er seine Schätze und tötete endlich die Seinen und sich selbst." Fand aber Duncker die beiden Berichte unvereinbar, so mußte er das Gemeinsame in der Ueberlieferung, nämlich daß Boges bezwungen ward, festhalten und nur in betreff der Art und Weise, wie die Eroberung stattfand, einen Irrtum des Pausanias wegen des Widerspruchs mit der übereinstimmenden Darstellung bei Herodot und auf der Hermensäule annehmen. Nach Pausanias (1. 17. 6) war die Eroberung von Skyros die Rache wegen der Ermordung des Theseus (δίκην δὴ τοῦ Θησέως θανάτου), nach Plutarch war sie die Folge des von den Bewohnern der Insel getriebenen Seeraubes. Hier hat Duncker nicht etwa eine zweimalige Eroberung von Skyros angenommen, sondern die bei Pausanias angegebene Veranlassung zum Kriege einfach übergangen. Warum verfuhr er nun nicht in gleicher Weise bei Eion? Weil, wie wir schon sagten, Duncker sich nicht der Erkenntnis entziehen konnte, daß

Eïon 469 erobert wurde, und trotzdem die Angabe des Scho=
liasten aufrecht halten will. Notgedrungen kommt er dadurch
auf eine zweimalige Belagerung Eïons. Doch sehen wir, wie
die Berichte der Schriftsteller sich zu Duncker's Annahme
stellen. Thukydides thut in seiner Uebersicht nur Einer Be=
lagerung von Eïon, und zwar gegen die Perser (*Mήδων
ἐχόντων*) Erwähnung. Dagegen erhebt nun Duncker (8. 145)
den Einwand, daß im Summarium auch nur einer Eroberung
von Byzanz Erwähnung geschieht. Aber von der zweiten Er=
oberung von Byzanz berichtet doch Thukydides an einer andern
Stelle (I. 131), und zudem konnte man in Bezug auf die
Gegenden am Strymonfluß, die in der späteren Geschichte
Athens und auch im Leben des Thukydides eine ungleich
wichtigere Rolle spielten, größere Genauigkeit bei Thukydides
erwarten, als in Bezug auf Byzanz. Auch Diodor (XI. 60)
kennt nur eine einmalige Eroberung von Eïon und zwar gegen
die Perser (*Περσῶν κατεχόντων*). Der Feldzug wird nach
ihm unter dem Archon Demotion 470/69 von Byzanz aus
unternommen, und es folgt darauf die Eroberung von Skyros.
— Ebenso weiß Plutarch nur von einer Belagerung Eïons zu
erzählen und läßt die Perser nach einer verlorenen Schlacht in Eïon
eingeschlossen werden (Cimon cap. 7: *πρῶτον μὲν οὖν αὐτοὺς
μάχῃ τοὺς Πέρσας ἐνίκησε καὶ κατέκλεισεν εἰς τὴν πόλιν*).
Bei Plutarch erscheinen auch die Thraker in den Kampf ver=
wickelt: da sie den Belagerten Lebensmittel zuführen, so werden
sie von Kimon vertrieben. Als Boges (bei Plutarch lautet
der Name Butes) die Lebensmittel ausgingen, entzieht er sich der
Uebergabe durch freiwilligen Tod in den Flammen. Also
auch hier verteidigen die Perser Eïon gegen die Athener; die
Thrazier erscheinen nur als Bundesgenossen der ersteren. Daß
auch in Plutarchs Quelle diese einmalige Eroberung unter
Apsephion angesetzt war, zeigt sich trotz der Bemerkug, die
Fahrt nach Eïon sei *συμμάχων ἤδη προςκεχωρηκότων*
unternommen, dadurch, daß von der an die Einnahme Eïons
auch nach Plutarch sich unmittelbar anschließenden Eroberung der
Insel Skyros Kimon mit 9 Mitfeldherren heimkehrt, unter
Pausanias dagegen (Plut. Arist. 23) das Kontingent der
athenischen Schiffe nur unter des Kimon und Aristides Befehl
steht. Nepos übergeht die Eroberung Eïons vollständig; die
bei Plutarch nebenher erwähnte Besiegung der Thraker wird
bei ihm zur Hauptsache und die Gründung von Amphipolis
als gleichzeitig mit diesem Siege dargestellt. Daß bei Nepos

und Plutarch, wie Duncker meint, beide Belagerungen zu=
sammengeworfen seien, läßt sich durchaus nicht zeigen. Des
Nepos Bericht ist nur ein mangelhafter, der Plutarchs dagegen
vollständig der vorauszusetzenden Sachlage entsprechend. Die
Thraker, die auch von den Persern auf dem Cherfones zu
Hülfe gerufen werden (Plut. Cim. 14: ἐπεὶ δὲ τῶν Περσῶν
τινες οὐκ ἐβούλοντο τὴν Χερρόνησον ἐκλιπεῖν, ἀλλὰ καὶ
τοὺς Θρᾷκας ἄνωθεν ἐπεκαλοῦντο), müssen erst besiegt,
die Perser von der Verbindung mit dem Hinterlande ab=
geschnitten werden; dann erst konnte die Besatzung Eions
durch Aushungerung bezwungen werden. Also Thukydides,
Diodor, Plutarch, Pausanias kennen nur eine Belagerung
Eions und lassen dieselbe übereinstimmend gegen die Perser
gerichtet sein, von einer zweiten Belagerung gegen die
Thraker findet sich in der gesamten Ueberlieferung keine
Spur. Dazu kommt, daß diese Belagerung stets in unmittel=
barer Verbindung mit der Eroberung von Skyros steht, welche
sicher in das Jahr 469/68 fällt, so daß grade die Belagerung
Eions gegen die Perser die zweite gewesen sein müßte. Sprechen
nun etwa innere Gründe für Dunckers Auffassung? Nach der=
selben fiel die Stadt in die Hände der Thraker, die sich hier
festsetzten und 6 Jahre behaupteten, bis Kimon sie von hier
vertrieb. Also 6 Jahre lang sollten die Thraker unangefochten
im Besitz der Hafenstadt geblieben sein, obgleich infolge des
Sieges über Boges nach Duncker's eigener Meinung die
gesamte, vom ägeischen Meer bespülte Küste Thraziens samt
den Inseln Thasos und Samothrake für den delischen Bund
gewonnen wurden. Konnte dasselbe Athen, so fragen wir
erstaunt, das vorher den tapfern Boges trotz der Hülfe der
Thraker zu überwältigen vermochte, nun im Besitz einer viel
größeren Macht mit den Thrakern allein nicht fertig werden?
Wohl könnte man es verstehen, wenn die Athener Bedenken
getragen hätten, in das Innere des von einem streitbaren Volke
bewohnten Landes einzubringen: aber Eion lag an der Küste
des Meeres, welches Athens Flotten beherrschten. Sollte da
Athen es nicht früher versucht haben, den Untergang seiner
Bürger zu rächen? Und andrerseits sollen sich die Thraker im
Machtbereich des Feindes häuslich niedergelassen haben, anstatt
Eion in einen Schutthaufen zu verwandeln und sich eilig in
das Innere des Landes zurückzuziehen, wohin ihnen die feind=
lichen Schiffe nicht zu folgen vermochten? Wie wenig wahr=
scheinlich dünken uns all' diese Konsequenzen der Duncker'schen

Auffassung! Freilich, wenn wir vernehmen, daß troß aller Belagerungskunst der Athener Kimon den Fall Eïons nur dadurch bewerkstelligte, daß er die Fluten des Strymon gegen die Ziegelmauern der Stadt leitete, so bekommen wir einigen Respekt vor diesen „wilden Thrakern", wie Herßberg sie nennt; aber daß damals Thraker belagert wurden, ist eben nur Duncker's Annahme; nach der Ueberlieferung war es Boges mit den Persern. In Wirklichkeit wird Eïon, nachdem es einmal von Kimon erobert worden, niemals wieder den Athenern verloren gegangen sein. Es ist unbenkbar, daß Kimon vom Strymon wieder abgezogen ist, ohne für die Sicherung dieser Festung, welche den Zugang zu den Goldbergwerken beherrschte, Sorge getragen zu haben. Wenn wir deshalb beim Scholiasten des Aeschines von dem Untergang athenischer Mannschaften hören, so waren das Kolonisten, welche von Eïon aus stromaufwärts vorbrangen und von den Edonen aufgerieben wurden, wie wenige Jahre später die 10 000 Athener bei Drabeskos. Soviel über die Gründe, die mich bestimmen, gegen die von Duncker versuchte Neuerung an der bisherigen Auffassung einer einmaligen Eroberung Eïons festzuhalten. Liegt nun die Notwendigkeit vor, diese Eroberung in das Jahr 476 oder 469 zu verlegen, so kann es nach dem Vorhergesagten troß der entgegenstehenden Annahme des Scholiasten, mag dieselbe nun wie bei Plut. Thes. 36 durch einen Irrtum der Quelle oder durch Verwechselung der Namen Phädon und Apsephion zu erklären sein, nicht zweifelhaft bleiben, daß wir uns für das Jahr 469 zu entscheiden haben. Für diese Zeitbestimmung sprechen außer der unmittelbaren Verbindung, in welche bei Thukydides, Diodor und Plutarch die Unternehmung gegen Eïon mit der Eroberung von Skyros (469/68) gebracht wird, noch mehrere andere Umstände.

Durch die Zurückweisung des Dorkis im Frühjahr 476 war formell der Bruch mit Sparta eingetreten. Es war kaum zweifelhaft, wie Sparta die Mißachtung der beschworenen Verträge, die Verbrängung aus der leitenden Stellung in Hellas aufnehmen würde. Hatte Sparta schon vorher mißgünstig versucht, die Befestigung Athens zu verhindern, so konnte es jetzt nicht ruhig mit ansehen, daß unter Führung Athens der Symmachie Spartas gegenüber sich ein neuer Bund bildete, der, wie der Name der Schaßmeister „Hellenotamien" anbeutete, alle Hellenen in sich aufzunehmen bestimmt war. Nicht blos um die neue Machtstellung, welche Sparta in den Perferkriegen

durch die ihm von den Athenern freiwillig überlassene Vor=
standschaft gewonnen hatte, war es sonst geschehen; auch
Sparta's Ansehen bei den peloponnesischen Bundesgenossen war,
wie die Folgezeit lehrt, gefährdet, wenn es dem demokratischen
Athen gelang, den Sonderbund gegen Sparta zu behaupten.
Solange es noch nicht feststand, wie Athen sich zu dem eigen=
mächtigen Verhalten des Aristides stellen würde, mochten sich
die Spartaner noch ruhig verhalten. Als es jedoch offenbar
wurde, daß die Athener das Angebot des Sonderbundes an=
nahmen und den Aristides im Sommer 476 mit der Organi=
sation desselben beauftragten, schien die Entscheidung des Kon=
flikts nur durch Waffengewalt erfolgen zu können. Wenn wir
nun in der That aus Diodor erfahren, daß im Jahre des
Archonten Dromokleides (475/74) die Spartaner zur Beschluß=
fassung über einen gegen Athen zu unternehmenden Krieg zu=
sammentraten, so werden wir dieser Angabe vollen Glauben
schenken. Denn daß derartige Beratungen im Herbst 476, wo=
hin die Zeitrechnung des Ephores führt, in Sparta stattge=
funden haben, ist mit Gewißheit anzunehmen. Den Athenern
war es sicherlich bekannt, daß zu Sparta eine starke Kriegs=
partei bestand. Die Verstärkung der Flotte, das Aufbringen
von Geld beweist, daß die Athener auf einen Einfall der
Spartaner im Frühjahr 475 gefaßt waren und sich für diesen
bevorstehenden Krieg rüsteten. (Diod. XI. 50. Ἀθηναῖοι
δὲ τὸ μὲν πρῶτον προςεδόκων μέγαν πόλεμον ἥξειν πρὸς
τοὺς Λακεδαιμονίους περὶ τῆς κατὰ θάλατταν ἡγεμονίας
καὶ διὰ τοῦτο τριήρεις κατεσκευάζοντο πλείους καὶ χρη-
μάτων πλῆθος ἐπορίζοντο). Unter diesen Umständen konnten
die Athener sich nicht selbst dadurch schwächen, daß sie einen
großen Teil ihrer Flotte gegen Eïon sandten. Solange es sich
um die Existenz Athens selbst handelte, mußte die Fortführung
des Krieges gegen die Perser aufgeschoben werden. Ja, da
Eïon sich lange hielt (Polyain. III. 24: ἐπὶ μακρὸν ἀντέσχε
τῇ πολιορκίᾳ) und nach dem Scholiasten die nach der Ein=
nahme von Eïon zurückgebliebenen Athener noch unter Phäbon
vernichtet sein sollen, so müßte die Belagerung Eïons schon im
Herbst 476 begonnen haben, bevor noch die Athener über den
Ausgang der Beratungen in Sparta etwas vernommen haben
konnten. Ein fernerer Umstand, der gegen das Zeugnis des
Scholiasten spricht, liegt darin, daß die Athener, solange der
Konflikt mit Sparta drohte, allen Grund hatten, gegen ihre
Bundesgenossen schonend zu verfahren (Diod. XI, 50. καὶ τοῖς

συμμάχοις ἐπιεικῶς προςεφέροντο). Das Vorbringen der Athener von Eïon aus und eine verfuchte Anfiedlung in den Bergwerksbifriktten am Strymon war ein Eingriff in die Befitzrechte von Thafos, das den größten Teil feiner Einkünfte aus diefen Bergwerken bezog. Durch die Ausfendung der 10 000 bei Drabeskos verunglückten Anfiedler ward fpäter der Abfall von Thafos herbeigeführt (Diod. XI, 70: *ἀπροστάντες Θάσιοι ἀπὸ Ἀθηναίων, μετάλλων ἀμφισβητοῦντες κ. τ. ἑ.*); der Untergang der athenifchen Koloniften nach Eroberung Eïons, die wir in die erfte Hälfte des Jahres 468 fetzen, war wohl nicht ohne heimliche Mitfchuld der Thafier erfolgt, welche die Thraker zu dem Überfall aufgereizt haben mochten. Zur Zeit der Begründung des Bundes, angefichts eines drohenden Krieges mit Sparta, konnte fich Athen nicht der Verletzung eines der mächtigften Bundesmitglieder fchuldig machen.

Ein dritter Grund, welcher der Anfetzung der Belagerung Eïons für 476 entgegenfteht, liegt in der Unwahrfcheinlichkeit, daß die Athener zum Führer diefer Expedition 476 Kimon gewählt haben würden. Allerdings wird man fofort einwenden, daß nach Plutarch Kimon fchon auf Kypros und vor Byzanz neben Ariftides als athenifcher Stratege fich befand, und die Ereigniffe des Jahres 476 werden auch gewöhnlich in der Weife verteilt, daß Kimon die Weiterführung des Krieges übernommen haben foll, während Ariftides die friedliche Arbeit der Organifation des Bundes zugefallen fei. Aber grade diefe Darftellung Plutarchs, daß Kimon fchon auf dem Zuge unter Paufanias als Stratege ein felbfiftändiges Kommando neben Ariftides befeffen haben foll, unterliegt für mich fchweren Bedenken hinfichtlich ihrer Richtigkeit. Nach Plutarchs eigener Angabe war Kimon zur Zeit der Schlacht bei Salamis noch jung und ohne Kriegserfahrung (Cim. V: *νέος ὢν ἔτι καὶ πολέμων ἄπειρος*). Sodann lautet der Bericht über die Stellung, die Kimon auf diefem Feldzug dem Ariftides gegenüber eingenommen haben foll, in den beiden Biographien des Ariftides und des Kimon ganz verfchieden. Zwar wird im Leben des Ariftides im Anfange (cap. XIII) Kimon als Mitfeldherr des Ariftides erwähnt (*ἐπεὶ δὲ στρατηγὸς ἐκπεμφθεὶς μετὰ Κίμωνος κ. τ. ἑ.*), aber der ganze weitere Verlauf der dortigen Erzählung zeigt erfichtlich, daß Ariftides den eigentlichen Oberbefehl, Kimon daneben nur eine untergeordnete Stellung einnahm. Ariftides beordert den Kimon an Kriegszügen der Bundesgenoffen teilzunehmen (*τὸν Κίμωνα παρέχων* κοινὸν ἐν ταῖς στρατείαις); Ariſtibes macht dem Pauſanias über ſein Verhalten gegen die Bundesgenoſſen Vorſtellungen; an Ariſtibes wenden ſich auch die Bundesgenoſſen mit dem An= liegen, die Führung zu übernehmen; des Kimon geſchieht weiter= hin keine Erwähnung. In ganz anderm Lichte erſcheint Kimons Stellung bei Plutarch Cim. cap. 6; hier erſcheint er in völlig gleichem Range mit Ariſtibes, und die Bundesgenoſſen ſchließen ſich an ihn und Ariſtibes an (προςετίθεντο γὰρ οἱ πλεῖσνοι τῶν συμμάχων ἐκείνῳ τε καὶ ᾿Αριστείδῃ). Wie nun iſt die verſchiedene Färbung der beiden Berichte zu erklären, die doch ganz offenbar aus Einer Quelle gefloſſen ſind? Der Grund iſt ganz einfach. Im Leben des Kimon folgt auf den Übertritt der Bundesgenoſſen unmittelbar der Zug gegen Eion, bei dem Kimon unbezweifelt das Oberkommando führte, und darum mußte Kimon auch vor Byzanz eine ſelbſtſtändige Stellung an der Seite des Ariſtibes eingenommen haben. Da aber Plutarch bei Theopomp, der beiden Stellen zu Grunde liegt, eine ſeiner Annahme entſprechende Schilderung nicht vor= fand, ſo übertrug er das Verhalten des Ariſtibes einfach mit beinahe denſelben Ausdrücken auf Kimon. Man vergleiche, um dies zu erſehen, Aristid. cap. 24: αὐτός τε πρᾴως καὶ φιλανθρώπως ὁμιλῶν καὶ τὸν Κίμωνα παρέχων εὐάρμοστον αὐτοῖς καὶ κοινὸν ἐν ταῖς στρατείαις ἔλαθε τῶν Λακεδαιμονίων οὐχ ὅπλοις οὐδὲ ναυσὶν οὐδ᾿ ἵπποις, εὐγνωμοσύνῃ δὲ καὶ πο- λιτείᾳ τὴν ἡγεμονίαν παρελόμενος mit Cim. cap. 6: ὑπο- λαμβάνων πρᾴως τοὺς ἀδικουμένους καὶ φιλανθρώπως ἐξ- ομιλῶν ἔλαθεν οὐ δι᾿ ὅπλων τὴν τῆς ῾Ελλάδος ἡγεμονίαν, ἀλλὰ λόγῳ καὶ ἤθει παρελόμενος. Zur Entſchuldigung Plutarchs kann angeführt werden, daß er zu dieſer Auffaſſung durch Theopomps Darſtellung verführt ſein mochte. Es iſt nicht zweifelhaft, daß dieſer Kimons Teilnahme an dieſem Feld= zuge und deſſen Verdienſte, die er auch ſonſt möglichſt heraus= zuſtreichen ſich bemüht, mit recht ſtarken Farben aufgetragen haben wird. Daß jedoch auch Theopomp nicht ſoweit ge= gangen war, ſeinen Lieblingshelden, wie Plutarch, ſchon 477 bei Byzanz als Feldherrn auftreten zu laſſen, ergiebt ſich mit Gewißheit daraus, daß bei Nepos, der im Leben des Kimon gleichfalls, und zwar ausſchließlich dem Theopomp gefolgt iſt, Kimon, „zum erſten Mal Feldherr,“ große Schaaren der Thraker beſiegte (cap. 2, 2: primum imperator apud flumen Stry- mona magnas copias Thracum fugavit). Da die hier er= wähnten Kämpfe mit den Thrakern, wie Plut. Cim. 7 lehrt, während der Belagerung Eïons stattfanden, so kann Theopomp den Kimon nicht schon als Feldherrn vor Byzanz 477 erwähnt haben. Wenn also schon aus Theopomp, dessen entgegen= stehendes Zeugnis bei seiner Parteilichkeit für Kimon ohnehin nicht schwer wiegen würde, sich keineswegs ergiebt, daß Kimon an der Seite des Aristides das athenische Kontingent von 30 Schiffen befehligte, so erwähnt Diodor b. h. Ephoros aus= drücklich den Aristides allein als Anführer (Diod. XI, 44: ὧν Ἀριστείδης ἡγεῖτο) und läßt übereinstimmend mit Nepos den Kimon zum Feldherrn gewählt werden, als es sich um die Belagerung Eïons handelt, (XI, 60: στρατηγὸν ἑλόμενοι Κί- μωνα τὸν Μιλτιάδου.*)

Läßt übrigens Herzberg (S. 196) Kimon zwischen 507 und 504 geboren sein, so dürfte er, ein Alter von 30 Jahren für das Amt vorausgesetzt, nicht schon (S. 193) 478 Kimon als Feldherrn auftreten lassen. Unserer Meinung nach war Kimon um 504 geboren, besuchte 484 als 20jähriger Jüngling zum ersten Mal die Olympienfeier, bekleidete, etwa 27 Jahr alt, ein untergeordnetes Kommando vor Byzanz unter Aristides' Befehl, wurde 470 als 34jähriger Mann als Feldherr gegen Eïon ausgesandt. Auch das, was wir ferner über das Verhalten Kimons und die Verhältnisse in Athen bis 470 wissen, spricht nicht dafür, daß Eïon schon 476 erobert wurde. Wäre dies unter Kimons Befehl zu dieser Zeit geschehen, und hätte da= durch Kimon einen bestimmenden Einfluß in Athen gewonnen, so müßte der Widerstreit zwischen der Politik des Kimon, die Eintracht mit Sparta und Fortsetzung der Perserkriege forderte, und der des Themistokles, welche zunächst Mißtrauen gegen Spartas etwaige Übergriffe, sowie Schwächung der spartanischen Macht und erst in zweiter Linie den Kampf gegen die Perser empfahl, schon früher zu der Entscheidung durch den Ostra= kismus führen. Mit den Anschauungen des Aristides, der im Gegensatz zu den Spartanern den Sonderbund eingeleitet hatte, konnten die Pläne des Themistokles sich sehr wohl vertragen; es wird bei Plutarch (Aristid. 25) ausdrücklich hervorgehoben, daß Aristides sich bei Gelegenheit einer gegen Themistokles schwebenden Anklage von jeder Beteiligung an den gegen The= mistokles von seinen Feinden erhobenen Vorwürfen und Schmähungen fernhielt. Mit dieser edlen Mäßigung, die Ari=

---

*) Thukydides spricht bei dem Übergang der Hegemonie vor Byzanz stets nur allgemein von den Athenern.

ſtibes gegen ſeinen früheren großen Nebenbuhler, um beſſent=
willen er in die Verbannung hatte gehen müſſen, beobachtete,
kontraſtierte in auffallendem Maße die Heftigkeit, mit der
neben Alkmäon grade Kimon den Themiſtokles bekämpfte.
Wenn nun Plutarch an einer andern Stelle (praecepta ger.
reip. 10) über Alkmäon die tadelnde Bemerkung ausſpricht,
er habe den durch ſeine tüchtigen Eigenſchaften hervorragenden
Themiſtokles aus Neid bekämpft, wenn wir weiter leſen, daß
Kimon ſein wachſendes politiſches Anſehn großenteils dem Ari=
ſtides verdankte, der dadurch ein Gegengewicht gegen des The=
miſtokles gewaltige Perſönlichkeit zu ſchaffen bemüht war (Plut.
Cim. 5: οὐχ ἥκιστα δὲ αὐτὸν ηὔξησεν Ἀριστείδης ὁ Λυσι-
μάχου τὴν εὐφυΐαν ἐνορῶν τῷ ἤθει καὶ ποιούμενος οἷον
ἀντίπαλον πρὸς τὴν Θεμιστοκλέους δεινότητα καὶ τόλμαν),
daß aus der gleichen Veranlaſſung, den Einfluß des Themiſtokles
zu bekämpfen, die Spartaner dem Kimon ihre Unterſtützung
liehen (Plut. Cim. 16: ηὐξήθη δ' ὑπὸ τῶν Λακεδαιμονίων·
ἤδη τῷ Θεμιστοκλεῖ προςπολεμούντων καὶ τοῦτον ὄντα
νέον ἐν Ἀθήναις μᾶλλον ἰσχύειν καὶ κρατεῖν βουλομένων)*),
ſo ſprechen alle dieſe Umſtände nicht dafür, daß dieſer Kimon,
der ſich von allen Seiten ſo protegieren laſſen mußte, derſelbe
war, für deſſen Ruhm als Beſieger des Boges die Hermen=
ſäule ſo beredtes Zeugnis ablegte, der im Bewußtſein ſeiner
Verdienſte über kleinliche Gefühle des Neides gegen Themiſtokles
doch erhaben ſein mußte. Darnach gewinnt es den Anſchein,
als ob nach dem Tode des Xanthippos**) und nachdem Ariſtides
ſich vom politiſchen Leben faſt ganz zurückgezogen hatte, der be=
jahrte Alkmäon***) und der jugendliche Kimon ſich um die Führer=
ſchaft der dem Themiſtokles feindlichen Partei bewarben und
daß, wie Xanthippos vordem gegen Miltiades, Perikles ſpäter
gegen Kimon ſelbſt, ſo damals Kimon durch die Anklage ſeines
mächtigen Gegners Themiſtokles eine Partei um ſich zu ſchaaren
bemüht war. Ganz anders erſcheint das Verhältnis, wenn der
Zug gegen Eïon erſt 470 unternommen wurde. 476 konnte

---

*) Alſo auch in der Zeit nach dem Mauerbau, ſeit dem ſich die
Feindſchaft der Spartaner gegen Themiſtokles datiert, wird Kimons Jugend
und ſein verhältnismäßig geringer politiſcher Einfluß hervorgehoben.

**) Nur ſo iſt das Auftreten des Alkmäon, der ſeinem Namen nach
nach ein Alkmäonide war, zu verſtehen.

***) 466 erhebt ſchon deſſen Sohn Leobotes gegen Themiſtokles
Anklage wegen Verrat: Plut. Them. 23: ὁ δὲ γραψάμενος αὐτὸν προδοσίας
Λεωβώτης ἦν ὁ Ἀλκμαίωνος Ἀγραυλῆθεν.

man sich wundern, daß, wenn Aristides mit der Organisation des Bundes beschäftigt war, und Themistokles wegen der Leitung des Baues der Piräusmauern in Athen zurückbleiben mußte, zum Führer eines so bedeutenden Unternehmens nicht Xanthippos, der allein mit diesen beiden Männern im Ansehn wetteiferte (Diod. XI. 42: ὁ δῆμος εἵλετο δύο ἄνδρας, Ἀριστείδην καὶ Ξάνθιππον, οὐ μόνον κατ' ἀρετὴν προκρίνας αὐτούς, ἀλλὰ καὶ πρὸς Θεμιστοκλέα τούτους ὁρῶν ἁμιλλωμένους περὶ δόξης καὶ πρωτείων, von den Athenern gewählt wurde, sondern daß dem ruhmbedeckten Sieger bei Mykale und dem Ueberwinder von Sestos der jugendliche Kimon vorgezogen wurde. 470 war Xanthippos schon tot, Themistokles eben verbannt, und es war natürlich, daß das Volk, welches sich eben zu Gunsten der Politik Kimons entschieden hatte, eben diesen seinen Vertrauensmann nun auch mit der Leitung des Unternehmens betraute, durch welches die Ausführung dieser Politik inauguriert werden sollte.

Nur ein Umstand scheint gegen unsere Zeitbestimmung Be= denken einzuflößen; aus Thuc. 5, 18 erfahren wir, daß der Beitrag für Argilos, Stageiros, Akanthos u. s. w. von Ari= stides geregelt worden ist (φερούσας τὸν φόρον τὸν ἐπ' Ἀριστείδου). Kann man annehmen, daß diese Städte dem delischen Bunde beizutreten wagten, solange die Perser Eion be= haupteten? Doch zunächst ist es ja wahrscheinlich, daß Aristides auch für die später als 476 beitretenden Mitglieder die Bundes= steuer bestimmt haben wird, und dann wissen wir, daß es auf der Halbinsel Chalkidike, auf der jene Städte liegen, schon vor der Schlacht bei Plataiä zur Auflehnung gegen die persische Herrschaft gekommen war. Olynth war zwar durch Waffen= gewalt bezwungen worden, aber an dem Widerstande Potidäas waren des Artabazus' Angriffe gescheitert und Hopliten dieser Stadt hatten in der Asopoebene gegen Mardonios mitge= fochten. Da nun auch Alexander von Makedonien nach dem Unglück der Perser seine Stellung wechselte und sich auf Seite der Griechen stellte*), so werden die Städte der Chalkidike schon vor Eroberung Eions dem delischen Bund beigetreten sein. Ein Anzeichen dafür bieten die Worte bei Plutarch (Cim. 7): πυνθανόμενος Περσῶν ἄνδρας ἐνδόξους καὶ συγγενεῖς βα= σιλέως Ἠϊόνα πόλιν παρὰ τῷ Στρυμόνι κειμένην ποταμῷ

---

*) Herodot 8. 121 erwähnt sein Standbild zu Delphi neben dem Weihgeschenk der Griechen aus der Beute von Salamis.

κατέχοντας ἐνοχλεῖν τοῖς περὶ τὸν τόπον ἐκεῖνον Ελλησι κ. τ. ἑ. Wenn nämlich die Griechen in jenen Gegenden nicht von den Persern abgefallen waren, so hätten die letzteren keinen Grund gehabt, sie feindselig zu behandeln. Also auch hier bekräftigt eine nähere Prüfung nur die anderweitig gewonnenen Resultate.

Wir haben bei dieser ganzen Untersuchung über die Frage, wann Eion erobert worden ist, die Zeitangabe Diodors gänzlich außer Acht gelassen. Denn da dieser Schriftsteller unter demselben Jahr des Demotion, in welches er die Eroberung Eions verlegt, auch noch die erst 465 erfolgende Schlacht am Eurymedon berichtet, so ist es klar, daß dem Zeugnis Diodors keine besondere Beweiskraft zugestanden zu werden brauchte. Da nun aber, unabhängig von Diodors Angabe, sich ergeben hat, daß der Zug gegen Eion wirklich um die von diesem angegebene Zeit erfolgte, so erkennen wir die Grundlage der Datierung Diodors darin (XI, 60—62), daß, wie XI, 44—47 die eine Reihe von Jahren ausfüllenden Schicksale des Pausanias unter Ol. 75, 4 erzählt werden, weil nach des Ephoros Zeitrechnung der Flottenbefehl des Pausanias, mit dem die Erzählung beginnt, in dieses Jahr gehört, wie ferner XI, 54—58 die Schicksale des Themistokles unter Ol. 77, 2 zusammengefaßt werden, weil die vergebliche Anklage gegen Themistokles vor dessen Verbannung, womit hier die Erzählung anhebt, in dieses Jahr (d. h. Herbst 472 bis Herbst 471) fällt, so auch Kimons Thaten unter Ol. 77, 3 erwähnt werden, weil die ersten Ereignisse, Kimons Wahl zum Feldherrn und seine Aussendung mit der Flotte, in diesem Jahre erfolgten. Dadurch gewinnen wir für die Chronologie dieser Zeit folgende Daten: Im Sommer 470 (nach Diodor unter Demotion 470/69, d. h. nach Ephoros Zeitrechnung Herbst 471 bis Herbst 470), bei Beginn seines Amtsjahres geht Kimon mit einer großen Flotte nach Byzanz. Seine Wahl zum Strategen im Frühling 470 — die Archairesie fand nach einer in makedonischer Zeit abgefaßten Urkunde am 22. Munychion statt — erfolgte kurz nach der Verbannung des Themistokles. Die Zeit der letzteren ergiebt sich aus Plut. Arist. cap. 3, verbunden mit Nep. III, 3. Aristides lebte darnach noch im Frühjahr 467, zur Zeit der Aufführung der „Sieben gegen Theben" (*ἐπὶ Θεαγενίδου*: Franz Didaskalie zu Äschylos; er starb fere post annum quartum, quam Themistocles Athenis erat expulsus. Das Scherbengericht wurde wahrscheinlich in der achten Pryta-

nie abgehalten; nach der Überlieferung mußte in der erften
κυρία der fechften Prytanie die Vorfrage geftellt werden, ob
das Oftrakismusverfahren notwendig erfcheine. Darnach fällt die
Verbannung des Themiftokles in den März 470, der Tod des
Ariftides in das Ende des Jahres 467. Auf daffelbe Jahr
467 führt die Zeitbeftimmung bei Plutarch (Pericles, 16),
daß Perikles 40 Jahre lang die Angelegenheiten Athens geleitet
habe (ebenfo Cic. de orat. III, 34. quadraginta annos
praefuit Athenis) verbunden mit der Bemerkung, daß Perikles
nach dem Tode des Ariftides fich der Führung des Demos zu=
gewandt habe (cap. 7). Perikles ftarb nach des Thukydides
Angabe (II, 65. ἐπεβίω δὲ δύο ἔτη καὶ ἒξ μῆνας) 2¹/₂ Jahr
nach dem Überfall Platääs im Anfang April 431, alfo im
Oktober 429, in dem attifchen Olympiadenjahr 429/28. Gehen
wir von da 40 Jahre zurück, fo beginnt nach der den Alten
gebräuchlichen inklufiven Zählung des Perikles politifche Wirk=
famkeit im Olympiadenjahr 468/67. Wenige Monate vor dem
Tode des Ariftides, im Vorfommer 467, wird Perikles zuerft
aufgetreten fein*).

Die Zeit von der Wahl Kimons zum Strategen bis zum
Auslaufen der Flotte verftrich unter umfaffenden Rüftungen,
da Kimon an der Spitze einer bedeutenden Flotte in See ging
(Diod. δύναμιν ἀξιόλογον παραδόντες). Vor Byzanz traf
Kimon die Flotte der Bundesgenoffen (Diod. οὕτως δὲ παρα-
λαβὼν τὸν στόλον ἐν Βυζαντίῳ). Da auf der Flotte, mit
welcher Kimon aus dem Piräus ausgelaufen war, fich doch nur
Athener befanden, während an der Vertreibung des Paufanias
nach Plut. Cim. 6 (οἱ σύμμαχοι μετὰ τοῦ Κίμωνος ἐξεπολιόρκησαν αὐτὸν) auch die Bundesgenoffen teilnehmen, ja,
wie die Verteilung der Beute lehrt, mit gleichen Streitkräften,
wie Athen, fo ift unter dem στόλος, dem Kimon die anfangs
erwähnte δύναμις ἀξιόλογος als Verftärkung zuführte, wohl
die Flotte der Bundesgenoffen zu verftehen. Schon Ausgang
des Sommers 470, wenige Monate nach Kimons Eintreffen,
fiel Byzanz in die Hände der Verbündeten. In diefe Zeit
führt die Angabe Justin's (9. 1. 3.) haec namque urbs
capta (fo ift es ficherlich ftatt des handfchriftlichen condita

---

*) Clinton: the forty years of Pericles might commence a
little before the death of Aristides. Der Widerfpruch ift vielleicht
mit Köhler dahin zu erklären, daß Ariftides 467 auf einer Fahrt nach
dem Tontos ftarb (Plut. Aristid. 26), alfo zur Zeit des Auftretens des
Perikles nicht in Athen war.

zu lesen) primo a Pausánia, rege Spartanorum et per septem annos possessa fuit. Sommer 477 war die Stadt von Pausanias eingenommen worden, im Sommer 470 muß sie ihm also wieder entrissen worden sein. Aus den Worten des Chors der Greise bei Aristoph. Wolken, 236 ff., daß bei der Belagerung von Byzanz die Kriegsleute „nächtlicher Weile umherstreifend, der Marketenderin den Backtrog stahlen und ihn zerspalteten, etwas wildes Kraut damit zu kochen", ergiebt sich doch nur, falls damit wirklich die Belagerung von Byzanz im Jahre 470 gemeint ist, daß im Heere der Belagerer Mangel an Lebensmitteln herrschte. Daß die Belagerer auch an Kälte litten, und daher Byzanz sich bis in den Winter gehalten habe, wage ich aus diesen Worten mit Duncker nicht zu schließen. Nach Eroberung von Byzanz scheint Kimon nicht sofort nach Eïon aufgebrochen zu sein, sondern noch einige Zeit in diesen Gegenden verweilt zu haben. Ich schließe dies aus dem Umstande, daß die Verwandten der den Athenern zugefallenen Gefangenen bald darauf ($\mu\iota\varkappa\varrho\grave{o}\nu$ $\H{v}\sigma\tau\varepsilon\varrho o\nu$) aus Phrygien und Lydien an die Küste kamen ($\varkappa\alpha\tau\alpha\beta\alpha\acute{\iota}\nu o\nu\tau\varepsilon\varsigma$), um ihre Angehörigen auszuliefern, vereint mit Diodors Bemerkung, daß die Athener den Kimon $\dot{\varepsilon}\pi\grave{\iota}$ $\tau\grave{\eta}\nu$ $\pi\alpha\varrho\acute{\alpha}\lambda\iota o\nu$ $\tau\tilde{\eta}\varsigma$ '$A\sigma\acute{\iota}\alpha\varsigma$ aussandten (XI, 60). Kimon wird wahrscheinlich die Städte auf dem asiatischen Ufer der Meerenge und der Propontis, wie Sigeion, Abydos, Kyzikos, Kalchedon u. a., damals für den delischen Bund gewonnen haben.

Vor der Belagerung von Byzanz soll Kimon nach Kirchhoff's Behauptung (Hermes XI) Sestos, das inzwischen an die Perser verloren gegangen sei, zum zweiten Male erobert haben. Diese Ansicht fand einzig bei Herbst (Thukydides, Jahresbericht Philolog. Bd. 40, pag. 314) Widerspruch. Behauptete Kirchhoff, daß Sestos zweimal erobert worden, so bestritt Herbst nicht nur dies, sondern auch eine zweimalige Belagerung von Byzanz. Nach Herbst geht $\dot{\varepsilon}\varkappa\pi o\lambda\iota o\varrho\varkappa\varepsilon\tilde{\iota}\nu$ Thuc. I, 131 ebenso wenig auf eine förmliche Belagerung, wie Thuc. I, 134. Hierbei scheint sich nun Herbst in entschiedenem Irrtum zu befinden. Als Pausanias 477 von Byzanz nach Hause berufen ward, hatte er die Obhut über die Festung dem Genossen seiner Pläne, Gongylos, anvertraut, und dieser wird mit Hülfe der von Pausanias gebildeten Leibwache von Medern und Ägyptern den Besitz der Festung gewahrt haben, bis Pausanias von Hermione wieder eintraf. Daß Byzanz, wie Curtius (II, 117) annimmt, „ein Hauptquartier

4

der griechischen Schiffe blieb", ist kaum anzunehmen. Die Mehrzahl der Flotte (τῶν ἄλλων ξυμμάχων τὸ πλῆθος Thuc. I, 94), mit welcher Byzanz 477 erobert ward, bestand aus Bundesgenossen, und diese werden nicht 7 Jahre vor Byzanz liegen geblieben sein, zumal wir aus Plutarch (Cim. XI) und Thukydides (I, 99) wissen, wie schnell die Bundesgenossen der Anstrengungen des Kriegsdienstes müde wurden und nur durch Zwang der athenischen Feldherrn dazu gebracht wurden, ihren übernommenen Verpflichtungen nachzukommen*). Nach dem Abzug der Bundesgenossen, falls Pausanias dieselben überhaupt nach vor Byzanz vorfand, war dieser unbestritten Herr in Byzanz. Die reichen Hülfsquellen des Artabazus, des Satrapen von Phrygien, an den ihn Xerxes gewiesen hatte (Thuc. I, 129), standen ihm zu Gebote, und die vielen Gefangenen aus Lydien und Phrygien, die Kimon 470 in Byzanz machte, beweisen, daß Artabazus den Pausanias nicht nur mit Geld, sondern auch mit Mannschaft in der ausgiebigsten Weise unterstützte. Auf solche Machtmittel gestützt, konnte Pausanias, wie der Vorgang mit der Kleonike**) zeigt, in tyrannischer Weise auftreten. Alles dies läßt erkennen, daß Pausanias eine starke Stellung in Byzanz inne hatte, daß er nicht kurzer Hand weggejagt werden konnte, sondern daß es längerer Be-

---

*) Wenn Plutarch an dieser Stelle das Verhalten Kimons dem der ἄλλοι στρατηγοί τῶν Ἀθηναίων entgegensetzt, so kann, da Kimon nach 470 Jahr für Jahr zum Strategen gewählt wurde, die Zeit, in der gegen die säumigen Bundesgenossen mit Gewalt eingeschritten wurde, nur die vor 470 sein. Während vor Byzanz noch Athener und Bundesgenossen in gleicher Anzahl erscheinen, besteht die griechische Flotte in der Schlacht am Eurymedon wenige Jahre später aus 200 athenischen und nur 100 Trieren der Bundesgenossen (Diod. XI. 60). Die Zeit der Ablösung der persönlichen Leistungen durch Geld erfolgte demnach in dieser Zeit und trat wohl das erste Mal bei der Belagerung von Eion ein.

**) Dieser Vorfall gehört nicht, wie Grote 3, 199 nach der irrigen Zeitangabe bei Pausanias III. 17, 8 (ὡς γὰρ δὴ διέτριψε περὶ Ἑλλή-σποντον ναυσὶ τῶν τε ἄλλων καὶ αὐτῶν Λακεδαιμονίων) annimmt, in die Zeit des ersten Aufenthaltes des Pausanias in Byzanz, sondern ist, wie der Nachsatz bei Plutarch. Cim. 6: ἐφ᾽ ᾧ καὶ μάλιστα χαλεπῶς ἐνεγκόντες οἱ σύμμαχοι μετὰ τοῦ Κίμωνος ἐξεπολιόρκησαν αὐτὸν) und die Antwort bei der Totenbeschwörung in Heraklea (ταχέως παύσεσθαι τῶν κακῶν), womit Moralia p. 555 übereinstimmt, lehren, mit dem zweiten Aufenthalt des Pausanias zu Byzanz in Verbindung zu bringen. Auch Aristodemus erzählt zuerst (Ende des 6. Kapitels) die Rückkehr des Pausanias nach Byzanz und fährt dann (Kapitel 8) fort: ὁ δὲ Παυσανίας ὑπάρχων ἐν Βυζαντίῳ ἀναφανδὸν ἐμήδιζε καὶ κακὰ διετίθει τοὺς Ἕλληνας. Διεπράξατο δέ τι καὶ τοιοῦτον, worauf die Erzählung von der Kleonike folgt.

lagerung beburfte, um biefe Stabt ben Griechen mieberzu=
geminnen. Übrigens war jene Frevelthat an ber Kleonike nicht,
wie Plutarch glaubt, ber Hauptgrund, weshalb Pausanias aus
Byzanz verbrängt wurde; bie Einmischung ber Athener unb
ihrer Bundesgenossen war sicherlich eine Folge bes Umstanbes,
baß Pausanias, im Besitz ber bie Meerenge beherrschenben
Festung, bie Kornzufuhr aus bem Pontos abschneiben konnte
(vergleiche aus bem unten angeführten Citat aus Aristobemos
bie Worte: καὶ κακὰ διετίθει τοὺς Ἕλληνας).

Also bie Thatsache einer zweimaligen Eroberung von
Byzanz steht fest*). Wie verhält es sich nun mit ber zwei=
maligen Eroberung von Sestos? Auch hier werben bie Grünbe,
bie Herbst gegen eine solche anführt, schwerlich Jemanben über=
zeugen. „Sestos unb Byzanz", so schreibt er, „waren bie beiben
festen Plätze, bie wir bamals in ben Hänben ber Hellenen
wissen, bas eine an biesem, bas anbre an jenem Enbe ber
Wasserstraße; hierher also werben bie Gefangenen, bie bas Heer
unter Kimon im Hellespont macht, vorläufig in Verwahrung
gebracht, ähnlich, wie es bei früherer Gelegenheit auch geschehen
war. Herod. XI, 119. 23: οἱ δὲ ζώοντες ἐλάμφθησαν·
καὶ συνδήσαντές σφεας οἱ Ἕλληνες ἤγαγον ἐς Σηστόν
(bamals war aber Sestos ber einzige Platz, ben bie Hellenen
auf bem Chersones hatten, unb es war baher natürlich, baß
bie aus Sestos entflohenen unb bei ber Verfolgung gefangenen
Perser wieder bahin zurückgebracht wurden!), unb als es nun
schließlich an bie Beuteilung geht, werben sie von borther von
rechts unb links ἐκ Σηστοῦ καὶ Βυζαντίου λαβόντες (man
wäre hier versucht zu fragen, wohin benn eigentlich bie Ge=
fangenen zur Verteilung gebracht wurden!) zusammengeführt,
auf Wunsch bes Heeres bem Kimon zur Verteilung über=
wiesen u. s. w." Doch bie Stelle Plutarchs (Cim. 9): ἐκ
Σηστοῦ καὶ Βυζαντίου πολλοὺς τῶν βαρβάρων αἰχμαλώτους
λαβόντες läßt nur gezwungen bie Deutung zu, welche Herbst
ihr geben will. Die Worte ἐκ Σηστοῦ καὶ Βυζαντίου be=
ziehen sich offenbar nicht blos auf λαβόντες, sonbern auch auf
bas näherstehenbe αἰχμαλώτους (vgl. Thuc. 1, 8; Xenoph.
Anab. 1, 2, 3; 6, 2, 17 u. s. w.). Es hat also bie Stelle
nicht ben Sinn, baß bie Gefangenen von Sestos unb Byzanz

*) Die Eroberung von Byzanz zählt zu ben größten Thaten Kimons
(Plut. Cim. 9); bamit kann selbstverständlich nicht bie erste Eroberung
von Byzanz 177 gemeint sein, bei ber Pausanias ben Oberbefehl führte.

4*

herkamen, sondern daß die Griechen die Gefangenen aus Sestos und Byzanz nahmen, welche sie in eben diesen Städten kriegsgefangen gemacht hatten.

Auch darin hat Kirchhoff unzweifelhaft Recht, daß der Vorfall mit der Verteilung der Beute nicht in das Jahr 477 gehören kann. 477, nach Einnahme von Byzanz, hatte Pausanias die vornehmsten Gefangenen heimlich entfliehen lassen, Sestos war vorher ἐκλιπόντων τῶν βαρβάρων genommen worden. Aus beiden Städten konnte also damals keine reiche Beute zur Verteilung kommen, und es wäre auch ganz wunderbar, wenn die unter Xanthippos in Sestos gemachte Beute nicht sofort, sondern auf einem spätern Feldzug zur Verteilung gelangt wäre. Dazu kommt, daß Kimon 477 nicht mit der Verteilung betraut worden wäre, daß sich damals vor Byzanz nach Thuc. I, 94 nur 30 attische Trieren befanden, die Mehrzahl der Flotte dagegen von den Bundesgenossen gestellt wurde, während nach der von Kimon getroffenen Anordnung bei der Verteilung Athener und Bundesgenossen in gleicher Zahl vorhanden sind. Da uns nun von keiner anderweitigen Eroberung von Byzanz durch Kimon bekannt ist, als von der im Jahre 470, bei welcher die Verbündeten reiche Beute gemacht haben müssen, so wäre damit auch der Beweis für die zweite Eroberung von Sestos im Jahre 470 gegeben. Denn an der Thatsächlichkeit der Erzählung, welche Jon aus dem eigenen Munde Kimons gehört hatte, zu zweifeln, liegt kein Grund vor.

Hier liegt indes, wie mir scheint, einer jener schon in der Einleitung berührten Fälle vor, wo Plutarch bei seiner Belesenheit etwas aus seinem Gedächtnis hinzugefügt hat, was nicht in der ihm grade vorliegenden Quelle stand. Plutarch kennt bekanntlich nur eine einmalige Anwesenheit des Pausanias in Byzanz und knüpft dessen Vertreibung gleich an die Bildung des delischen Bundes an. Wenn er deshalb bei Jon von persischen Gefangenen las, so mußten dieselben nach seiner Meinung bei der Eroberung von Byzanz, 477, gemacht sein. War es ihm nun erinnerlich, daß auch Sestos kurz vorher den Persern abgenommen war, so lag für ihn die Verführung nahe, durch den Zusatz Σηστοῦ eine seiner Meinung nach richtige Verbesserung zu machen.

Es unterliegt keinem Zweifel, daß der Grundgedanke, von dem Kirchhoff ausgeht, ein vollkommen richtiger ist. Der belische Bund hatte bei seiner Gründung nicht die Ausdehnung, in welcher er nach der Schlacht am Eurymedon erscheint, und

die Erfolge in den ersten Jahren seines Bestehens entsprechen
keineswegs den Erwartungen, die man nach dem glorreichen
Beginn des Offensivkrieges gegen die Perser zu hegen berechtigt
war. Die wiederholten Angriffe auf Doriskos mißlangen, Eïon
blieb auch noch bis 469 in den Händen der Perser, Kypros
war den Griechen wieder verloren gegangen, da es vor der
Schlacht am Eurymedon wieder im Besitz der Perser erscheint,
und Byzanz war durch Pausanias für das Interesse der Perser
gewonnen: die Möglichkeit einer Wiedereroberung von Sestos
durch die Perser in dieser Zeit läßt sich daher nicht leugnen.
Warum erscheint eine solche trotzdem unwahrscheinlich? Zunächst
lag die Sache bei Kypros und Byzanz anders, als bei Sestos.
Kypros war den Persern 478 nicht ganz entrissen worden;
nach dem Abzug der griechischen Flotte konnte es den Persern
nicht schwer fallen, von dem ihnen verbliebenen Teil der Insel
aus das Übrige wiederzugewinnen. Byzanz wiederum war von
Pausanias gewonnen worden und bis 470 in dessen Besitz ver=
blieben. Sestos dagegen war ohne Mitwirkung der Pelepon=
nesier durch die Athener und die Inselgriechen genommen wor=
den, und Xanthippos hatte zur Sicherung dieser wichtigen Er=
oberung eine starke athenische Besatzung zurückgelassen (Diod. XI,
37: φρουρὰν ἐγκαταστήσας). Byzanz war für die Perser
ohne jeden Kampf wiedergewonnen worden; aus dem festen
Sestos hätten die Athener nur mit Waffengewalt vertrieben
werden können, und bei dem ersten Angriff wären nicht nur
die Athener, sondern das Gesamtaufgebot des Bundes herbei=
geeilt. Der Grund, weshalb die Bundesgenossen sich der Fort=
setzung des Krieges zu entziehen versuchten, lag ja darin, daß
ihnen der Krieg nicht mehr notwendig schien, daß sie ihren
Acker bebauen und in Ruhe leben wollten. (Plut. Cim. XI:
ἀλλ' ἀπαγορεύοντες ἤδη πρὸς τὰς στρατείας καὶ πολέμου
μὲν οὐδὲν δεόμενοι, γεωργεῖν δὲ καὶ ζῆν καθ' ἡσυχίαν ἐπι-
θυμοῦντες ἀπηλλαγμένων τῶν βαρβάρων καὶ μὴ διοχλούντων).
Ein Angriff aus Sestos mußte diese lässigen Mitglieder aus
ihrer siegesgewissen Ruhe aufscheuchen; er mußte ihnen, da
Doriskos und Eïon sich noch in den Händen der Perser be=
fanden, als die Einleitung zu einer erneuten Invasion der
Perser in Griechenland erscheinen. Es bildet somit diese auch
von Thukydides bezeugte Unlust der Bundesgenossen an der
Fortführung des Krieges (I, 99: οὐκ εἰωθόσιν οὐδὲ βου-
λομένοις ταλαιπωρεῖν) einen indirekten Beweis gegen die
Wiedergewinnung von Sestos durch die Perser. Hinsichtlich

des Verlustes von Byzanz konnten sich die Bundesgenossen vor
sich selbst und dem Drängen der Athener gegenüber damit ent-
schuldigen, daß ja dort der Regent Spartas gebiete, und auch
die Athener selbst mochten, um die guten Beziehungen zu Sparta,
das sich dem Abschluß des delischen Bundes gefügt, nicht zu
gefährden, lange Scheu tragen, gegen das Treiben des Pausanias
ernstlich einzuschreiten. Schwerer noch als diese Bedenken gegen
Kirchhoff's Annahme wiegen chronologische Schwierigkeiten. Ist
die nach Diodor von uns oben aufgestellte Zeitfolge der Begebenheiten richtig, so brach Kimon im Sommer 470 nach
Byzanz auf. Es bleibt somit, abgesehen davon, daß Diodor
den Kimon, ohne Sestos zu erwähnen, von Athen nach Byzanz
gelangen läßt, für eine Belagerung von Sestos fast gar keine
Zeit übrig. Und doch nimmt Duncker selbst an, daß die Perser
eine starke Besatzung erlesener Mannschaft in die Festung geworfen haben werden, um die Meerenge und die Verbindung
mit Doriskos zu sichern, und doch hatte sich Sestos 478 ohne
ausreichende Lebensmittel mehrere Monde gehalten. Aus diesen
Gründen bin ich eher geneigt, die Erwähnung Plutarchs für
einen Zusatz Plutarchs zu halten, als daraus mit Kirchoff auf
eine zweite Eroberung von Sestos zu schließen.

Während dieser Zeit, in welcher Athen die Verhältnisse
des Bundes konsolidierte und den Kampf gegen die Perser erst
mit zweifelhaftem Erfolg, dann aber mit entschiedenem Glück
fortsetzte, hatten auf dem Peloponnes Umwälzungen stattgefunden, welche Spartas Machtstellung mit schwerer Gefahr bedrohten. Diese Bewegungen stehen teilweise mit der Verbannung
des spartanischen Königs Leotychides in Verbindung. In
welches Jahr dieselbe fällt, darüber gehen die Ansichten, ähnlich wie bei der Frage, wann Eïon erobert wurde, vollständig
auseinander. Diodor XI, 48 meldet den Tod des Leotychides unter
Ol. 76, 1 = 476/475. Daß dies ein Irrtum ist, der aus
Diodor selbst berichtigt werden kann, haben wir schon in der
Einleitung bemerkt. Das Anfangsjahr der Regierung des
Leotychides, sowie das Todesjahr seines Nachfolgers Archidamos
läßt sich mit voller Sicherheit bestimmen. Nach der verunglückten Unternehmung des Mardonios erscheinen persische Herolde
im Sommer 491 in Hellas, auf deren Aufforderung hin Ägina
sich unterwirft. Der spartanische König Kleomenes wird beauf-
tragt, sich die Häupter der medisch gesinnten Partei in Ägina
ausliefern zu lassen, durch die Intriguen seines Mitkönigs

Demaratos aber an der Vollziehung des Auftrages verhindert. Darob ergrimmt, unterſtützte Kleomenes den Leotychides, Demaratos vom Thron zu ſtoßen. Dies geſchah im Herbſt 491. Sein Nachfolger Archidamos hatte noch im Sommer 428 (Thuc. 3, 1) einen Einfall in Attika geleitet. Im Mai des nächſten Jahres 427 (τοῦ ἐπιγιγνομένου θέρους Thuc. 3, 26) befehligte Kleomenes, Oheim des unmündigen Königs Pauſanias, die Peloponneſier. Zu derſelben Zeit des folgenden Jahres 426 war ſchon Agis, Sohn des Archidamos, ſpartaniſcher König. Wenn Agis bei dem Einfall 427, trotzdem er längſt das männliche Alter erreicht haben mußte, da er kurz nach 400 — γέρων ἤδη ὤν (Xenoph. Hell. 3, 3, 1) — ſtarb, die Peleponneſier nicht befehligte, ſo darf man annehmen, daß Archidamos damals noch lebte, aber durch Krankheit oder Altersſchwäche verhindert war, die Führung des Heeres zu übernehmen. Demnach ſtarb Archidamos im attiſchen Olympiadenjahr 427/26: die Geſamtbauer der Regierungszeit iſt alſo bei Diodor richtig angegeben (491—427 = 64); nur müßte bei einer 22 jährigen Regierung Leotychides 469/68 geſtorben, bei einer 42 jährigen Regierungszeit Archidamos in demſelben Jahr 469/68 zur Regierung gelangt ſein. Da nun die Zeitbeſtimmung des Erdbebens in Sparta bei Plut. Cim. 16, gleichfalls den Regierungsanfang des Archidamos in dieſes Jahr verlegt, ſo darf mit völliger Sicherheit behauptet werden, daß Archidamos in der Zeit vom Herbſt 469 (Leotychides war erſt im Herbſt 491 zum Thron gelangt und regierte 22 Jahre) bis Mai 468 (im Mai 426 war Archidamos nach 42 jähriger Regierung ſchon tot) den Thron beſtieg. Wie kam nun Diodor dazu, Leotychides ſchon unter Phäbon ſterben zu laſſen? Krüger, Schäfer und Curtius führen den Fehler auch hier auf Verwechſelung der Archontennamen Phäbon und Apſephion zurück, und dieſe Meinung erſcheint um ſo glaubwürdiger, als Diodors Handſchriften nicht Apſephion als Archonten des Jahres 469/68 nennen, ſondern Phäon, wofür z. B. in der Ausgabe von J. Becker gradezu Phädon eingeſetzt iſt. Unger will eine ſolche Verwechſelung nicht zugeben, er behauptet, daß auch die Liſte der Prokliden bei Diodor aus Ephoros ſtamme, und darnach bei der Zeitbeſtimmung des Ephoros der Tod des Leotychides (Herbſt 469 bis Herbſt 468) unter Ol. 78, 1, als Theagenides Archon in Athen war, angeführt werden müßte. Hier befindet ſich Unger anſcheinend im Irrtum. Daß der Fehler Diodors nicht durch Ephoros veranlaßt ſein kann, ergiebt ſich daraus, daß in der aus Ephoros stammenden Darstellung Archibamos noch in den ersten Jahren des peleponnesischen Krieges lebend erwähnt wird. Auch in anderer Weise läßt sich wahrscheinlich machen, daß die Liste der Prokliden nicht aus Ephoros stammt. In der Liste der Eurystheniden, für welche Unger Ephoros als Quelle nach= wies, rechnet Diodor bis zum Regierungsantritt des Alkamenes, in dessen zehntes Jahr die erste Olympiade fällt, 284 Jahre, so daß die Heraklideneinwanderung auf 1070/69 zu stehen kommt. Dies ist in der That auch die Aera des Ephoros. In der Liste der Prokliden hingegen berechnet Diodor die Zeit von der Heraklidenwanderung bis Ol. 1 auf 328 Jahre (f. Gut= schmid zu Euseb. Chron. 1, 223). Da in das Jahr 1104/3 (776/75 + 328) von Eratosthenes, dessen Aera sich Apollodor anschloß, die Heraklidenwanderung verlegt wird, so ist es äußerst wahrscheinlich, daß die Regierungsjahre der Prokliden, wie Vol= quarbsen vermutete, aus Apollodor stammen. Demnach wäre die von Unger bestrittene Verwechselung von Phäbon und Apsephion an sich leicht möglich. Aus andern Gründen hat sich C. Müller (fragm. hist. graec. V Prolegg) gegen eine Verwechselung er= klärt und die Ursache der chronologischen Verwirrung bei Diodor und andern Schriftstellern durch Benutzung verschiedener Quellen, die eine verschiedene Aera hatten, zu erklären gesucht. Bei Heraus= gabe des Fragmentes des Aristobemos fand er die daselbst er= zählten Ereignisse bunt durcheinander gemischt. Die Verbannung des Themistokles wird (cap. 6) gleichzeitig mit der ersten Rückbe= rufung des Pausanias, Themistokles' Tod (cap. 10—11) vor der Schlacht am Eurymedon erzählt. Zwischen Oinophyta (cap. 12) und dem Zug des Tolmibes (cap. 15) ist Kimons Tod auf Kypros eingeschaltet (cap. 13) und die Eroberung von Samos und der Beginn des peleponnesischen Krieges werden ausdrücklich demselben Jahre zugeteilt (cap. 15). Müller findet nun, daß die von Aristobemos zusammengeworfenen Ereignisse nach den für sie meist angenommenen Daten stets um 7 Jahre differieren, und erklärt dies dadurch, daß Aristobemos die Zeitangaben mehrerer älterer Quellen vermengt habe, von denen die einen das Jahr des Kreon 682, die andern das des Kekrops 1571 als Ausgangspunkt angenommen hatten. Da nun als Zwischen= zeit zwischen diesen beiden Zeitpunkten statt der wirklichen 889 Jahre nur ein doppelter, sogenannter größerer Cyklus von 882 angenommen wurde, so wären Diejenigen, welche die Ereignisse vom Jahr des Kekrops aus bestimmten, stets um 7 Jahre hinter der Angabe der andern Quellen zurückgeblieben. Auf solche

Weise, und nicht durch Verwechselung der Archontennamen
Phäbon und Apsephion, sei auch die Differenz zwischen 476/75
und 469/68 zu erklären. Der Erklärungsversuch Müller's ist
darum als mißlungen zu betrachten, weil in der gesamten Tra=
dition sich keine Rechnung nach kleineren Cyklen von 63 Jahren
und größeren Cyklen von 441 Jahren, sondern nur nach Ge=
schlechtern nachweisen läßt. Nichtsdestoweniger ist es klar, daß
die chronologischen Irrtümer des Aristodemos durch Überspringen
von einer Quelle zur andern entstanden sind, und auf gleiche
Weise kann auch Diodors Irrtum an dieser Stelle entstanden
sein. Wenn nämlich der Stelle (XIII, 1), wo Diodor die
Zeit von der Eroberung Trojas bis auf die Ausrüstung der
Flotte gegen Sizilien 416/15 auf 760 Jahre berechnet, nicht
ein Rechnungsfehler Diodors, sondern die Angabe einer Quelle
zu Grunde liegt, so wäre damit der Beweis gegeben, daß
Diodor außer Ephoros und Apollodor noch eine dritte Quelle
benutzte. Denn Ephoros berechnete die Zerstörung Trojas auf
1150/49, d. h. 80 Jahre vor 1070/69, Apollodor hinwiederum
auf 1184/83. Jene 760 Jahre aber setzen eine sonst aller=
dings nicht bekannte Aera voraus, welche die Zerstörung Trojas
in das Jahr 1176 verlegte. Nimmt man nun an, daß
Apollodor nur die Reihenfolge der Könige und ihre Regierungs=
zeit bemerkte, und Diodor in dieser dritten Quelle die Angabe
vorfand, Leotychides sei 708 Jahre nach der Zerstörung Trojas
(= 468 v. Chr.) gestorben, so war nach Apollodor dieses Jahr
dasjenige des Phäbon 776/75 (1184/83 — 708). Ob man
nun also durch Verwechselung der Namen Phäbon und Apsephion
oder durch unrichtige Benutzung der Quellen die Zeitangabe
Diodors erklären will, das steht jedenfalls sicher, daß Leotychides
in dem lakonischen Jahr 469·468 gestorben ist. Grote (III, 202)
und Duncker (VIII, 69) geben nun auch letzteres zu, wollen
aber die Überlieferung insoweit aufrecht erhalten, als sie das
Jahr des Phäbon für das Datum der Verbannung des
Leotychides erklären, in welcher derselbe bis 469·68 gelebt
haben soll *). Mit Recht hat dagegen Schäfer geltend gemacht,
daß bei Berechnung der Regierungszeit den Spartanern herz=
lich wenig daran gelegen sein mochte, wie lange der Verbannte

---

*) Curtius setzt (II. 108) den Feldzug des Leotychides für 476, seine
Verbannung (II. 744, Anm. 37) für 469 an. Dies ist unmöglich, da
der dem Leotychides gemachte Prozeß eine unmittelbare Folge der auf dem
Feldzug gegen die Aleuaden von Leotychides angenommenen Bestechun=
gen war.

noch gelebt habe: certe primus annus Archidami regis non computatus est, ex quo Leotychidam Tegeae mortuum esse adlatum est, sed ex quo Archidamus regnare coepit. In der That hätten auch die spartanischen Königs= liften, wenn Leotychides 475 verbannt wurde und in der Verbannung starb, diesem König nicht eine 22 jährige, sondern 15 jährige Regierungszeit zugeteilt. Allerdings wurden die Jahre, die Pleiftoanax später in der Verbannung zugebracht hatte, als Teil seiner Regierung angerechnet, allein Pleiftoanax war aus der Verbannung zurückberufen worden und hatte nach seiner Rückberufung noch faft 20 Jahre regiert. Bei seinem Sohne Paufanias, der 394 in die Verbannung ging und nicht zurück= berufen wurde, wird die Regierungszeit ausdrücklich bis zu seiner Verbannung berechnet. Diod. XIV, 89, Ol. 96, 3 = 394/93 *Παυσανίας δὲ ὁ τῶν Λακεδαιμονίων βασιλεὺς ἐγκαλούμενος ὑπὸ τῶν πολιτῶν ἔφυγεν ἄρξας ἔτη δέκα τέσσαρα* (408 war er nach Diod. XIII, 75 zur Regierung gelangt. Also ohne äußerliche Beglaubigung mußten wir annehmen, daß Archibamos sofort nach der Flucht des Leotychides den Thron bestieg. An einem solchen Zeugnis fehlt es jedoch keineswegs; Paufanias sagt ausdrücklich, daß Archibamos nach der Flucht seines Groß= vaters, nicht etwa, daß er nach deffen Tode die Herrschaft an= trat. (III, 7. 10 *'Αρχίδαμος δὲ ὁ Ζευξιδάμου μετὰ Λεω- τυχίδην ἀπελθόντα ἐς Τεγέαν ἔσχε τὴν ἀρχήν*). Wenn bei Diodor Archibamos 476/75 nach dem Tode des Leotychides zur Regierung kommt, so hat dies seinen Grund darin, daß Diodor den Feldzug des Leotychides nach Theffalien und seine Verurteilung nach demselben nicht kennt, sonft hätte er nicht *ἐτελεύτησεν*, sondern *ἔφυγεν* wie XIV, 59 geschrieben. Auch mag Leotychides wirklich nur noch kurze Zeit im Exil gelebt haben; dafür spricht die Verbindung bei Paufanias: *ζῶντος ἔτι Λεωτυχίδου καὶ οὐ πεφευγότος*. Durch welche Gründe sucht nun Dunder gegenüber so bestimmten Zeugniffen seine Ansichten zu verteidigen? Für die Eroberung Eïons im Jahre 475 konnte er sich noch auf die Angabe des Scholiaften be= rufen; für die Verbannung des Leotychides in demselben Jahre steht ihm nicht einmal die Zeitbestimmung Diodors zur Seite. Denn Diodor läßt Leotychides im Jahr des Phäbon nicht ver= bannt werden, sondern sterben. Das einzige, was Dunder zu seinen Gunsten anzuführen vermag, ist eine unverbürgte Sage. Plutarch im Leben des Themiftokles (cap. 20) erzählt: Nach Zurücktreibung des Xerxes habe die hellenische Flotte zu Pagafä

überwintert, da sei Themistokles mit dem Vorschlag hervorge=
treten, diese Flotte zu verbrennen. Duncker behauptet nun,
daß dies die Flotte der Peloponnesier gewesen sei, welche im
Jahre 476 die Truppen des Leotychides nach Thessalien ge=
bracht habe, wie im Frühjahr 480 das spartanisch=attische Heer,
welches den Tempepaß besetzte, zur See nach Pagasä geführt
worden sei. Behauptet dies Duncker mit Recht, so könnte der
Feldzug des Leotychides nur in das Jahr 476 gehören, denn
469 war Themistokles schon verbannt. Zunächst fällt nun auf,
daß bei Cic. de off. 3, 11 ein ähnlicher Anschlag des
Themistokles gegen die Schiffe der Lakedämonier, die bei Gy=
theion aufs Land gezogen waren, gerichtet ist. Das Gleiche
ist der Fall bei Valerius Maximus 6, 5. Duncker
erklärt dies durch Übertragung des Zuges des Tolmides, der
die Schiffswerften zu Gytheion verbrannte, auf die Zeit von
Salamis, Platää und Mykale. Jedenfalls wird dadurch be=
wiesen, daß die Tradition über den Plan des Themistokles
keine sichere war. Während bei Cicero und Valerius Maximus
von der Flotte der Lakedämonier die Rede ist, erzählt Plutarch
im Leben des Themistokles, wie im Leben des Aristides, wo
er (cap. 22) dieselbe Geschichte berichtet, nur ohne hier Pagasä
als Standort der Schiffe zu erwähnen, daß Themistokles „die
Flotte der Hellenen" habe verbrennen wollen. Allerdings be=
merkt Duncker richtig, daß die Schiffe der Athener in diese
Zerstörung doch nicht einbegriffen werden sollten, aber dadurch
wird an der Thatsache, daß Plutarch in Pagasä sich die Flotte
„der Hellenen" anwesend denkt, nichts geändert; bei einem ab=
sichtlich angelegten Brand konnten die Schiffe der Athener trotz=
dem vor Vernichtung durch rechtzeitige Warnung bewahrt bleiben.
Man dachte sich die beabsichtigte Verbrennung der Flotte kurz
nach dem Rückzug des Xerxes. Valerius Maximus verlegt
den Plan in die Zeit, „als Themistokles die Ruinen des Vater=
landes in den früheren Stand herstellte"; Plutarch erwähnt ihn
nach der Rückkehr von Platää zusammen mit der Reform des
Aristides. Nun hat nach dem Rückzug des Xerxes eine Über=
winterung zu Pagasä nicht stattgefunden. Nach der Schlacht
bei Salamis hatte die griechische Flotte Andros belagert, war
darauf nach dem Isthmos gesegelt, die Siegespreise zu ver=
teilen, und hatte sich dann zerstreut, um im nächsten Frühjahr
bei Ägina sich wieder zu versammeln. Im Winter nach der
Schlacht bei Mykale lag Xanthippos mit den Athenern vor
Sestos, Leotychides mit den Peleponnesiern war heimgekehrt.

478 überwinterte die griechische Flotte auf Kypros*); 477 trat
die Spaltung unter den Eidgenossen vor Byzanz ein, die zum
Abschluß des delischen Bundes führte. Nach 477 konnte von
einer Hellenenflotte, bei der sich peleponnesische Schiffe befanden,
auf die es doch bei der Zerstörung abgesehen war, nicht mehr
die Rede sein. Läßt sich demnach die Geschichte nachweislich
nirgends unterbringen, so folgt für mich nicht daraus, daß
Plutarch bei dem ναυσταθμος τῶν Ἑλλήνων und ὁ τῶν
Ἑλλήνων στόλος nur an die Schiffe der Peleponnesier gedacht
hat, sondern daß diese schon von Niebuhr (Vorles. über alte
Gesch. I, 425) unbedingt verworfene Erzählung eine Erfindung
späterer Zeit ist, welche sich den Themistokles damit beschäftigt
dachte, die Macht seines Vaterlandes durch heimliche Anschläge
zu stärken. Erinnern wir uns, daß auch bei Diodor Themistokles heimlich mit dem Vorschlag hervortritt, den Piräus zum
Hafen umzuwandeln, während doch mit der Ausführung dieses
Planes schon vor dem Zuge des Xerxes begonnen war und die
Heimlichkeit sich also nicht rechtfertigen läßt. Namentlich in
den Rhetorenschulen mag es ein beliebter Gegenstand gewesen
sein, die Persönlichkeit des Themistokles, der unbedenklich jedes
Mittel guthieß, welches ihm die Macht Athens zu verstärken versprach, und diejenige des Aristides, der gleichfalls
Athens Macht zu heben suchte, für den aber nicht die Frage
nach der Zweckmäßigkeit, sondern nach der Gerechtigkeit die ent-
scheidende war, einander gegenüberzustellen. Wie hier bei dem
Flottenverbrennungsplan des Themistokles Aristides dem Volke
die Antwort erteilte, er kenne nichts nützlicheres, aber auch nichts
ungerechteres, so soll er ein anderes Mal (Plut. Arist. 24)

*) Wenn Jemand dem Bericht Plutarchs historische Glaubwürdigkeit
beimessen wollte, so könnte er annehmen, daß Pausanias im Beginn des
Winters 478/77 Kypros verließ, zu Bagasä überwinterte und im Frühling 477 nach Byzanz aufbrach. Man könnte damit in Verbindung bringen, was von der Heimführung der Gebeine des Leonidas durch Pausanias
bei Paus. III, 14, 1 erzählt wird. Da ich indessen den Anschlag des
Themistokles für eine Erfindung der Rhetorenschulen halte, die im Herbst
begonnene Eroberung des größern Teiles von Kypros doch nicht nach wenigen Wochen beendigt sein konnte, Aristides, der sich gegen den Plan des
Themistokles zu Athen ausgesprochen haben soll, damals sich auf dieser
Flotte unter Pausanias befand, die Rückführung der Gebeine des Leonidas
endlich nach Pausan. 40 Jahre nach der Schlacht bei Thermopylä erfolgte, so ist wohl bei dieser Notiz an Pausanias, den Sohn des Pleistoanax zu denken, der um 440 während des Exils seines Vaters regierte.
Den Zug nach Thessalien müßte dann sein Vormund für ihn gemacht
haben.

dem Themiſtokles, der kluge Vorausſicht für das weſentlichſte
Erfordernis des Feldherrn erklärte, entgegnet haben, dieſe ſei
zwar notwendig, aber ἡ περὶ τὰς χεῖρας ἐγκράτεια ſei die
wahre Feldherrntugend, ſo ſoll er ein drittes Mal bei dem
Vorſchlag der Samier, den Bundesſchatz von Delos nach Athen
zu verlegen, ſich dahin geäußert haben, dieſes ſei zwar nützlich,
aber nicht gerecht. Wenn die Samier mit einem ſolchen Vor=
ſchlage wirklich zu Lebzeiten des Ariſtides hervortraten, ſo ſchei=
terte derſelbe ſicherlich nicht an dem Abraten des Ariſtides,
ſondern an dem Widerſpruch mächtiger Bundesmitglieder, wie
Naxos und Thaſos, die Athen abgeneigt waren. Der Ariſtides
der Geſchichte hätte gegen einen ſolchen Vorſchlag ebenſowenig
etwas einzuwenden gehabt, als er das Anerbieten des Sonder=
bundes trotz der mit Sparta beſchworenen Verträge zurückwies.

Steht nun auf der einen Seite eine ſo tendenziös gefärbte
Erzählung, wie der Flottenverbrennungsplan des Themiſtokles,
auf der andern das durch innere Wahrſcheinlichkeit begründete,
durch Analogie ähnlicher Fälle beglaubigte Zeugnis des Pauſanias,
daß Archibamos gleich nach der Flucht ſeines Großvaters die
Regierung antrat, und wiſſen wir aus Herodot, Thukydides und
Diodor vereint, daß Leotychides nach 22jähriger Regierung
469/68 geſtürzt; Archibamos bei 42jähriger Regierung in dem=
ſelben Jahr zur Regierung gelangt ſein muß, ſo unterliegt es
keinem Zweifel, wie die Entſcheidung in dieſer Frage ausfallen wird.

Wenn trotzdem manche an dem Jahre 476/75 feſthalten,
ſo geſchieht dies mit Rückſicht auf das für dieſen Feldzug der
Spartaner vorausgeſetzte Motiv, an den Aleuaden für die Be=
günſtigung des Landesfeindes Rache zu nehmen. Schon bei der
Belagerung Eions haben wir geſehen, wie bedenklich es iſt, auf
Grund der nach einer vorgefaßten Meinung beurteilten Lage
uns nur lückenhaft bekannter Zeitverhältniſſe, irgend welche chro=
nologiſche Beſtimmungen zu treffen. Auch in dieſem Fall
wollen wir verſuchen, den Beweis zu erbringen, daß die Zeit=
umſtände durchaus nicht zwingend dafür ſprechen, daß der Feld=
zug nach Theſſalien 476 unternommen ward.

Nach Beſiegung des Xerxes hatten die Spartaner den An=
trag eingebracht, alle Staaten, welche gegen die Perſer nicht
mitgekämpft hatten, aus der Amphiktyonie auszuſchließen. Der
Antrag Spartas richtete ſich hauptſächlich gegen die Theſſaler,
Argiver und Böoter. Wurden mit der Annahme des Antrages
dieſe Völkerſchaften aus der Amphiktyonie ausgeſtoßen, ſo ver=
fügte Sparta über die Majorität der Stimmen auf dem

Bundestag von Delphi und konnte die Beschlüsse nach seinem Gutdünken leiten. Themistokles sah dies ein*), und an dem Widerspruch Athens scheiterte der Plan. Derselbe hatte indes die Pläne Spartas enthüllt, und die Argiver, wie Thessaler wußten, wessen sie sich von Sparta zu gewärtigen hatten. Zog Sparta nun trotz des ablehnenden Votums des Bundestages gegen die Thessaler zu Felde, um sie für die eifrige Parteinahme zu Gunsten Persiens zu strafen, so mußte es darauf gefaßt sein, auch Argos und Athen sich gegenüber zu finden. — Auch des Thukydides Worte scheinen nicht dafür zu sprechen, daß man den Feldzug gegen die Aleuaden etwa wie die Bestrafung Thebens als eine Fortsetzung der Perserkriege anzusehen hat. Wenn er bei der Zurückweisung des Dorkis, nach welcher doch erst der Feldzug nach Thessalien stattgefunden haben würde, sagt (I. 95): καὶ ἄλλους οὐκέτι ὕστερον ἐξέπεμψαν οἱ Λακεδαιμόνιοι, φοβούμενοι μὴ σφίσιν οἱ ἐξιόντες χείρους γίγνωνται, so ist dies Aufgeben der Beteiligung doch nicht nur auf Seefeldzüge zu beziehen. Wenn deshalb Sparta die Aleuaden bekriegt, so wird dies nicht unter dem Vorwand geschehen sein, die Aleuaden für ihre antihellenische Gesinnung zu züchtigen, welches doch so naheliegende Motiv weder Herodot, noch Pausanias erwähnt, sondern der thessalische Adel, der im Widerspruch mit den Aleuaden die Griechen aufgefordert hatte, die Pässe am Olympos zu besetzen, den wir später in der Schlacht bei Tanagra zu den Spartanern übergehen sehen, wird die Einmischung Spartas veranlaßt und diesem Gelegenheit geboten haben, sich wieder einmal in der Rolle eines Tyrannenbefreiers zu zeigen.

Mochte es nun auch Sparta willkommen sein, durch Verbindung mit der thessalischen Ritterschaft seinen Einfluß in den Peneiosgegenden zu begründen, so war doch die Spitze des Unternehmens im Grunde gegen Athen gerichtet, das mit den Aleuaden stets freundliche Beziehungen unterhielt. „Der Zug gegen die Aleuaden," sagt Duncker, „ist in demselben Sinn gedacht, wie der Zug des Nikomedes im Jahr 458, den Dorern am Parnaß gegen die Phokier zu helfen und die Böoter zum Abfall zu bringen, wie der Zug 448 für die Delpher gegen die Phokier, wie die Hülfe für die nördlichen Dorer gegen die

---

*) Plut. Them. 20: φοβηθεὶς μὴ Θετταλοὺς καὶ Ἀργείους ἔτι δὲ Θηβαίους ἐκβαλόντες τοῦ συνεδρίου παντελῶς ἐπικρατήσωσι τῶν ψήφων καὶ γένηται τὸ δοκοῦν ἐκείνοις.

Oetäer durch die Gründung von Heraklea in Trachis 426, wie die Versuche des Brasidas, Thessalien und Makedonien gegen Athen zu gewinnen, die Expedition des Agis im Winter 413 gegen die Oetäer." Es fragt sich nur, ob 476, wie Duncker meint, oder 469 ein solches Auftreten Spartas gegen Athen gerechtfertigter erscheint.

Die Spartaner hatten nicht gern auf die Hegemonie zur See verzichtet; dies beweisen die im Herbst 476 zu Sparta geführten Verhandlungen, ob der Krieg gegen Athen zu beginnen sei, und Duncker's Kombination, daß der Zug des Leotychides Spartas Antwort auf die Gründung des delischen Bundes gewesen sei, erscheint daher sehr ansprechend. Indessen kann die Verzichtleistung der Spartaner auch aus einem andern Ge= sichtspunkt beurteilt werden. Die Lakedämonier waren, wie Thukydides sagt, auch zuvor nicht eifrig, in den Krieg zu ziehen (I, 118: ὄντες μὲν καὶ πρὸ τοῦ μὴ ταχεῖς ἰέναι ἐς τοὺς πολέμους.). Nur nach langem Zögern, halb wider seinen Willen, hatte Leotychides die Perser in Mykale aufgesucht; bei den Verhandlungen auf Samos hatte er sich gegen die Auf= nahme der kleinasiatischen Jonier in die Eidgenossenschaft er= klärt, da es unmöglich sei, die Städte des Festlandes beständig gegen die Perser zu schützen Herod. 9, 106: ἀδύνατον γὰρ ἐφαίνετό σφιν εἶναι ἑωυτούς τε Ἰώνων προκαθῆσθαι φρουρέοντας τὸν πάντα χρόνον); vor der Belagerung von Sestos war er heimgesegelt. Aus allem ergiebt sich die Unlust der Spartaner, den Krieg gegen die Perser fortzusetzen, und doch war dies das einzige Mittel, einer baldigen erneuten In= vasion der Perser vorzubeugen. Hätten die Spartaner die Hegemonie zur See behalten können, ohne die Lasten des fortdauernden Krieges mit · Persien tragen zu müssen, so würden sie die Gründung des delischen Bundes sicher nicht gutwillig zugegeben haben, obschon die gesamten Grundlagen ihrer Staatseinrichtungen, welche den Handel von den Grenzen Spartas fernhielten, mit der Politik einer Seemacht unvereinbar waren. So aber mochten die Spartaner eigentlich froh sein*), sich durch die Athener bei beständigen Anstrengungen überhoben zu sehen (Thuc. I, 95: ἀπαλλαξείοντες δὲ καὶ τοῦ Μηδικοῦ

---

*) Mit einem feindseligen Auftreten Spartas gegen Athen im Jahre 476 würden die Worte Plutarchs kaum vereinbar sein (Cim. 16): οἱ δ᾽ Ἀθηναῖοι τὸ πρῶτον ἡδέως ἑώρων οὐ μικρὰ τῆς πρὸς ἐκεῖνον εὐνοίας τῶν Σπαρτιατῶν ἀπολαύοντες. Die Worte setzen ein gutwilliges Aufgeben der Hegemonie seitens Spartas voraus.

πολέμου), und ein Konflikt mit Athen lag gar nicht im Vor=
teil Spartas. Denn im günstigsten Fall, wenn das durch
großartige Festungsbauten geschützte, im Besitz einer überlegenen
Flotte befindliche, durch die Sympathie zahlreicher Bundes=
genossen getragene Athen auch unterlag, kam der Sieg nur den
Persern zu Gute. Die Spartaner hätten sich in diesem Fall
nur selbst der Vormauer gegen persische Angriffe und für einen
später entbrennenden Kampf der Stütze des wichtigsten Bundes=
genossen beraubt. Allerdings erwartete Sparta nicht. daß Athen
sich durch eine straffe Parteileitung die Geldmittel und Streit=
kräfte des Bundes verfügbar machen würde. Man kannte in
Sparta den Wankelmut des jonischen Charakters, den Mangel
desselben an Ausdauer und seiner Abneigung, sich einer festen
Oberleitung zu fügen, Fehler, die schon das Mißlingen des
jonischen Aufstandes herbeigeführt hatten. Wenn Sparta auch
schon im eignen Interesse nicht wünschte, daß Athen seine Kräfte
im Kriege gegen Persien erschöpfe, so erwartete es andrerseits
nicht, daß Athen einen besonderen Machtzuwachs erlangen werde.
Die großen Ergebnisse des Feldzuges 478/77 hatten indes die
Spartaner vor etwaigen Erfolgen der Athener doch ein wenig
bedenklich gemacht, und mit stillschweigender Erlaubnis der
spartanischen Behörden wird Pausanias nach Byzanz zurückge=
kehrt sein, um Athens Fortschritten in diesen Gegenden hem=
mend in den Weg zu treten. Denn ohne heimliche Ein=
willigung Spartas hätte nicht Pausanias mit Vernachlässigung
seiner Regentenpflichten viele Jahre lang außer Landes weilen
dürfen, wäre ihm nicht der Feldherrnstab belassen worden, der
ihn in den Stand setzte, die Chiffreschrift der spartanischen Be=
hörden bei seiner zweiten Rückberufung zu lesen. Die ersten
Jahre des Bestehens des Sonderbundes schienen die Er=
wartungen Spartas zu bestätigen. Die Stimmung unter den
Bundesgenossen warb ein schwierige; die Perser mußten sich
gegen die Angriffe Athens wehren und konnten nicht an die
Wiederaufnahme der Offensive denken; aber auch die athenischen
Waffen trugen keine entschiedenen Erfolge davon. Mit dem
Jahre 470, kurz nachdem Sparta den Triumph erlebt hatte,
seinen Gegner Themistokles aus Athen verbannt zu sehen, än=
derte sich die Sachlage vollkommen. Die Athener verjagen den
spartanischen Regenten aus Byzanz; im folgenden Jahre fällt
ihnen Eïon in die Hände. Zu gleicher Zeit trat eine Um=
wandlung in der Organisation des Bundes ein; Kimon nahm
von den des persönlichen Kriegsdienstes überdrüssigen Bundes=

genoſſen Schiffe und Geld. Je mehr ſich ſo die Bundesmit=
glieder der Selbſtſtändigkeit begaben, beſtomehr mußte das Über=
gewicht Athens wachſen, welches durch eben dieſe Geldbeiträge
in den Stand geſetzt wurde, eine größere Flotte zu unterhalten.
Dies iſt der Augenblick, in dem die Spartaner handelnd ein=
greifen. Zwar gegen Athen direkt wollten ſie nicht auftreten,
aber ein Uebergreifen des atheniſchen Einfluſſes, der ſchon am
Strymon dominierte, nach Theſſalien ſuchten ſie zu verhüten.
Theſſalien hatte ſich nach dem Scheitern des ſpartaniſchen An=
trages bei der Amphiktyonenverſammlung wohl aus Dankbarkeit
näher an Athen, welches dieſen Antrag durch ſeinen Wider=
ſpruch zu Falle gebracht, angeſchloſſen; um theſſaliſchen Kauf=
leuten Schutz zu gewähren, vertreibt Kimon zu dieſer Zeit die
Doloper; ein Sohn Kimons führt den Namen Theſſalos; ein
Kriegszug Spartas gegen die Aleuaden iſt zu dieſer Zeit als
feindſelige Kundgebung gegen Athen, als ſeine Antwort auf die
Vertreibung des Pauſanias aus Byzanz aufzufaſſen.

Noch andere Bedenken ſtehen der Annahme, daß Leotychides
475 verbannt wurde, entgegen. Nachdem Pauſanias (3, 7, 10)
die Flucht des Leotychides erzählt hatte, fährt er alſo fort:
Λεωτυχίδου δὲ ὁ μὲν παῖς Ζευξίδαμος ζῶντος ἔτι Λεωτυχίδου
καὶ οὐ πεφευγότος πω τελευτᾷ νόσῳ. Darnach zu urteilen,
iſt Zeuxidamos während der Regierung des Leotychides geſtorben.
Nach Herodot (6, 72) heiratete Leotychides darauf zum zweiten
Mal. Da Zeuxidamos an Krankheit ſtarb, ſo befürchtete
Leotychides wahrſcheinlich den Tod ſeines Enkels Archidamos
und ging die zweite Ehe ein, um die Thronfolge ſeinem Hauſe
zu erhalten. Aus dieſer zweiten Ehe ſtammte eine Tochter
Lampito, welche Leotychides ſeinem Enkel Archidamos zur Frau
gab. Dies muß vor dem Exil in Tegea geſchehen ſein. Wenn
aber Zeuxidamos ſelbſt im erſten Jahre nach der Thronbe=
ſteigung des Leotychides ſtarb, ſo konnte Lampito 476 höchſtens
13 Jahre, alſo noch nicht mannbar ſein. Duncker nimmt des=
halb an, daß Archidamos um 480 gegen 20 Jahre gezählt
habe, Zeuxidamos bereits vor der Thronbeſteigung des Leotychides
geſtorben ſei. Den Gegenbeweis zu liefern ſind wir außer
Stande*). Jedenfalls aber ergiebt ſich daraus, daß Archidamos

---

*) Wir wollen es aber nicht unterlaſſen, auf einige chronologiſche
Schwierigkeiten in dieſem Fall hinzuweiſen. War Archidamos um 500
geboren, ſo hätte er als 79jähriger Greis den Einfall in Attika geleitet.
Sein Großvater Leotychides müßte dann früheſtens nur 545 geboren ſein,
alſo zur Zeit der Schlacht bei Mykale 66 Jahre, 469, bei dem Feldzug

bei der Flucht des Leotychides mannbar war und keinen Vor=
mund brauchte. Auf solche Weise scheint sich nämlich Grote
das Fehlen der 7 Jahre von 476—469 in der Angabe der
Regierungsjahre des Archibamos zu erklären, wenn er bemerkt,
daß Archibamos sehr jung gewesen sein müsse, weil er sogar
noch nach 469 v. Chr. 42 Jahre lang regierte. Übrigens zeigt
auch das Beispiel des Pleistoanax, daß in solchem Falle die
Jahre der Vormundschaft der Regierungszeit der Könige zuge=
zählt wurden. War aber Archibamos bei der Flucht des
Leotychides, wie Duncker meint, bereits mündig, aus welchem
Grunde sollte er nicht gleich 475 Leotychides in der Regierung
gefolgt sein? Duncker glaubt, daß die Spartaner sich gefürchtet
haben werden, Archibamos könnte sich mit seinem Großvater
verständigen. Aber diese Furcht hatte sie doch nicht beeinflußt,
die Thronbesteigung des Agesipolis nach der Verbannung seines
Vaters Pausanias 394 zu hindern! Hatten überhaupt die
Ephoren das Recht, den Thron unbesetzt zu lassen, was Duncker
als selbstverständlich nimmt? Man muß zudem bedenken, daß
der andre spartanische König zu dieser Zeit unmündig war und
sein Vormund in Byzanz weilte, so daß in diesen Jahren ein
vollständiges Interregnum in Sparta geherrscht hätte. Wenn
die Spartaner dem Archibamos nicht trauten, so war es mit
Hülfe der gefälligen Pythia leicht, ihn überhaupt bei Seite zu
schieben und einen Andern auf den Thron zu erheben. Allzu
gewissenhaft waren die Spartaner darin nicht, wie das Beispiel
des Demaratos beweist. Und welche Beweise seiner guten Ge=
sinnung hatte Archibamos inzwischen gegeben, daß die Spartaner
ihn grade in der gefährlichsten Krisis auf den Thron beriefen?
Wir sehen, daß, abgesehen von den Zeugnissen der Historiker,
auch jede Wahrscheinlichkeit gegen Duncker's Annahme spricht,
und finden uns daher auch in diesem Fall bewogen, Duncker's
Zeitbestimmung zu verwerfen und den Feldzug des Leotychides
in das Jahr 469, seine Rückkehr nach Sparta, seine Flucht
und die Thronbesteigung des Archibamos in die erste Hälfte
von 468 zu verlegen.

---

gegen Thessalien, sogar 76 Jahre gezählt haben. Diese Schwierigkeiten
werden gehoben, wenn Leotychides etwa 485, Archibamos 490 geboren
ward. Da nun Archibamos zur Zeit der Schlacht bei Dipaea 466 (s.
unten) Anführer der Spartaner ist, so müßten die spartanischen Könige
nicht erst im Alter von 30 Jahren, sondern schon von 20 Jahren mündig
erklärt worden sein. Dieser Annahme steht aber in der gesamten Tradition
nichts hindernd im Wege.

Die Tegeaten hatten die Auslieferung des Leotychides verweigert; es kam darüber zum Kampf mit Sparta. Die Thatsache des Krieges ist uns durch Herodot, die Zeit desselben
durch das Zusammentreffen mit der Flucht des Leotychides und
eine Angabe Diodors gesichert. Diodor (XI, 95) erwähnt
unter dem Jahr des Theagenides 468/67 die Einnahme von
Mykenä durch die Argiver und deren Verbündete zu einer Zeit,
wo die Spartaner durch eigene Kriege beschäftigt und daher
außer Stande waren, Mykenä zur Hülfe zu eilen. Diese eigenen
Kriege sind die Kriege mit den Arkadern. Allerdings hat
Diodor in das vorhergehende Jahr des Apsephion (469/68)
das Erdbeben und den Abfall der Heloten gesetzt, aber das ist
eine Verfrühung, und der Irrtum eben dadurch entstanden, daß
der Krieg mit den Arkadern bei Diodor überhaupt nicht erwähnt ist und daher bei den eigenen Kriegen der Spartaner
von Diodor an den ihm bekannten Abfall der Messenier und
Heloten gedacht wurde, wodurch dessen Vordatierung auf 469/68
entstand. Nach seiner Quelle hätte Diodor den messenischen
Aufstand in die richtige Zeit, das vierte Jahr des Königs
Archidamos verlegen müssen; denn nach Diodors eigener Angabe dauerte der Krieg bis ins zehnte Jahr (XI, 64: ἐπὶ δὲ
ἔτη δέκα τοῦ πολέμου μὴ δυναμένου διακριθῆναι), sein Ende
aber wird von Diodor (XI, 84) in das Jahr des Kallias
456/55 angesetzt. Herodot (9, 35) berichtet von zwei Siegen
der Spartaner gegen ihre Bundesgenossen in der Zeit nach der
Schlacht bei Plataä bis zum Abfall der Messenier. In der
ersten Schlacht bei Tegea sollen die Spartaner gegen die
Tegeaten und die mit diesen verbündeten Argiver gefochten
haben; in der zweiten Schlacht bei Dipäa standen den Spartanern alle Arkader mit Ausnahme der Mantineer gegenüber.
Der erste Krieg muß noch angedauert haben, als Elis 471
(Diod. XI, 74) durch Synökismus der umliegenden Dorf-
schaften entstand, als um dieselbe Zeit mit Hülfe der Argiver
(Strabo, p. 337) Mantinea aus 5 Gemeinden zusammenge-
siedelt wurde; denn Sparta würde diese, seinen Einfluß be-
drohenden Neuordnungen, die auf Betrieb der Argiver, der
spartanischen Erbfeinde, entstanden, nicht geduldet haben, wenn
es zu dieser Zeit freie Hand gehabt hätte. Die Gefahr war
schon jedenfalls beseitigt, als Leotychides 469 nach Thessalien
zog. Darnach wird die Schlacht bei Tegea 470 erfolgt sein.
Der Sieg war kein entschiedener gewesen; schon 2 Jahre darauf
verweigert Tegea die Auslieferung des Leotychides und steht

von neuem mit Argos im Bunde. Mit den Tegeaten und Kleonäern ziehen nach Strabos Zeugnis (p. 372) die Argiver gegen Mykenä und zerstören die Stadt 468. Ob auch Tyrins, mit welchem Argos ἐπὶ συχνὸν χρόνον (Herodot. 6, 82) Krieg führte, in diesem Jahre zerstört wurde, ergiebt sich aus Diodor nicht, der nur von einem Kriege zwischen Argos und Mykenä spricht. Bei der Zerstörung von Tyrins waren jeden= falls nach Strabo (p. 373) die Tegeaten nicht mehr beteiligt*). Der Aufstand verbreitete sich von Tegea über ganz Arkadien. Wahrscheinlich, daß der zu Argos in der Verbannung lebende Themistokles dabei seine Hand im Spiele hatte. Die Schlacht bei Dipäa, durch welche die Spartaner der Erhebung Herr wurden, war bestimmt vorüber, als Sparta Herbst 465 den Thasiern für das folgende Jahr einen Einfall in Attika zu= sagte, vielleicht auch schon im Spätsommer 466, als Themi= stokles sich in Argos nicht mehr für sicher hielt. Dagegen wird sie beim Tode des Pausanias, zu Beginn des Jahres 466, noch nicht erfolgt gewesen sein, da Pausanias ein Gelingen seiner Pläne wohl nicht blos von der durch ihn angestifteten Verschwörung unter den Heloten, sondern auch von auswärtigen Verwickelungen Spartas erhoffte. Darnach mag die Schlacht bei Dipäa im Frühling oder Vorsommer 465 stattgefunden haben.

Noch eine Kriegsbegebenheit, deren Plutarch im Leben des Kimon (cap. XIV) Erwähnung thut, ein Kriegszug Kimons nach dem Chersonnes, fällt in diese Periode. Plutarch erwähnt denselben zwar nach der Schlacht am Eurymedon und vor dem Abfall von Thasos, aber zwischen diesen beiden Ereignissen, die beide in die zweite Hälfte desselben Jahres 465 fallen, bleibt keine Zeit für einen solchen Feldzug übrig, und außerdem ist es, wie Kirchhoff (Hermes XI) richtig bemerkt, unglaublich, daß sich bis nach der Schlacht am Eurymedon persische Be= sitzungen auf der Halbinsel gehalten haben sollten. Allgemein wird diese völlige Vertreibung der Perser aus dem Chersones in das Jahr 467 verlegt, welches Jahr seit 470 allein noch

---

*) Die Kriege von Argos gegen Mykenä hatten übrigens gewiß nicht lange nach 477 begonnen, als Sparta mit seinem gegen Argos gerichteten Antrag in der Amphiktyonenversammlung scheiterte und aus Rache dafür Mykenä in seinen Ansprüchen auf Leitung der nemäischen Spiele, Tyrins in seinen Selbstständigkeitsbestrebungen unterstützte. Zerstört konnten diese Städte erst werden, als Sparta sich in großer Bedrängnis befand, My= kenä 468, Tyrins wohl erst während des messenischen Aufstandes.

nicht durch Feldzüge Kimons ausgefüllt ist. Unmittelbar nach der zweiten Eroberung von Byzanz hatte der Feldzug nicht stattgefunden, obwohl die Worte (Cim. 9): ὥστε τῷ Κίμωνι τεσσάρων μηνῶν τροφὰς εἰς τὰς ναῦς ὑπάρξαι auf einen der Eroberung von Byzanz folgenden und durch das Lösegeld der Gefangenen bestrittenen viermonatlichen Feldzug hinzudeuten scheinen.*) Denn 470 hatte Kimon eine große Flotte unter sich, während bei dem in Rede stehenden Feldzug Kimon nur vier Schiffe befehligte. Aus dieser geringen Anzahl von Schiffen und dem Umstande, daß die Belagerung von Naxos nicht unter den Thaten Kimons aufgezählt wird, könnte man auch schließen, daß Kimon diesen Feldzug 466 unternahm, während die Haupt= macht der attischen Flotte vor Naxos lag. Indes bleibt ein solcher, aus dem Schweigen eines Schriftstellers, wie Plutarch, gezogener Schluß immerhin sehr unsicher, und es ist andrerseits anzunehmen, daß die Athener gegen den bedrohlichen Abfall eines so mächtigen Bundesmitgliedes auch ihren erprobtesten Feldherrn ausgeschickt haben werden. Daher scheint es am angemessensten, bei der Zeitbestimmung des Jahres 467 für diesen Zug stehen zu bleiben.

.

III.

Das erste von Thukydides (I, 100) nach der Unterwerfung von Naxos erwähnte Ereignis ist die Schlacht am Eurymedon. Diese Schlacht fand, wie das Weihgeschenk der Athener aus der Beute erweist, im Hochsommer statt. Das Weihgeschenk war nach Pausanias (X, 15, 3—5) eine Palme von Erz mit reifen Früchten, welch' letztere die Jahreszeit (ἐς μίμησιν τῆς ὀπώρας) andeuten sollten, in welcher die Athener gesiegt hatten. (ἀστὴρ ὀπωρινός Hom. Il. ε. 5 ist der Hundsstern; ὀπώρα. die Fruchtzeit, entspricht somit unsern Hundstagen **). In dem Hochsommer eines spätern Jahres aber, als 465, kann die Schlacht nicht stattgefunden haben, da der Abfall von Thasos, der darauf folgte (Thuc. I, 100), schon in den Spätherbst des= selben Jahres 465 gehört. Dies ergiebt sich aus den Zeitbe=

---

*) Sollte etwa Cion sich nur 4 Monate gehalten haben?
**) Eustath. zu Il. ε. 5: ὀπώρα ὥρα μεταξὺ χειμῶνι θέρους καὶ τοῦ μετ᾽ αὐτὴν μετοπώρου.

ſtimmungen für die Niederlage bei Drabeskos und das Erd=
beben in Sparta. Die Niederlage bei Drabeskos fand nach
Thuc. IV, 102. 32 Jahre nach dem mißglückten Niederlaſſungs=
verſuch des Ariſtagoras und im 29ſten Jahre vor der Grün=
dung von Amphipolis ſtatt. Ariſtagoras endete im Herbſt 497 *),
Amphipolis ward nach Diod. XII, 32 und dem Scholiaſten
des Aſchines **) im Jahr des Euthymenes Ol. 85, 4 == 437/36
gegründet, d. h. da die Anſiedlung in der dafür gewöhnlichen
Zeit ausgeſandt ſein wird, im Frühling 436. 32 Jahre vom
Herbſt 497 abwärts, das 29ſte Jahr vom Frühling 436 auf=
wärts gerechnet, führen übereinſtimmend in den Herbſt des
Jahres 465, in welchem Lyſitheos attiſcher Archon war. Eben
dafür ſpricht Diodor, wenn er die Ausſendung der Kleruchen
unter Archidemides 464/63, d. h. mit Berückſichtigung der
Zeitrechnung des Ephoros, von Herbſt 465 bis Herbſt 464
erzählt, und die Notiz des Scholiaſten zu Aſchines, den den
Zug unter Leogaras (dafür Leagros nach Herod. 9, 75,
Paus. 1, 29, 4) ἐπὶ Δυσικράτους folgen läßt, falls für dieſen
offenbar verſchriebenen Namen — Lyſikrates war 453/52
Archon — mit Schäfer und Clinton Lyſitheos eingeſetzt wird.
Lyſiſtratos, Archon des Jahres 467/66, für welchen ſich Krüger
und Unger entſcheiden, ſteht Lyſikrates zwar lautlich näher,
aber da der Abfall von Thaſos erſt der Belagerung von Naxos
folgt, welche wegen des Synchronismus mit der Flucht des
Themiſtokles noch Frühjahr 465 andauerte, ſo kann Lyſikrates
nur in Lyſitheos geändert werden.

Die Abſicht, eine Kolonie auszuſenden, mußte ſchon ziemlich
lange vor der verſuchten Anſiedlung angekündigt worden ſein,
denn die Sammlung der 10 000 Koloniſten, zu denen auch die
Bundesgenoſſen zugelaſſen wurden, erforderte geraume Zeit.
Die Thaſier mußten befürchten, daß es auf ihre Beſitzungen
in den Grubenbiſtrikten abgeſehen ſei; vielleicht noch ehe die
Kunde von dem Siege Kimons am Eurymedon zu ihnen drang,
werden ſie Anſtalten zum Abfall getroffen haben. Wohl mochte
ihnen nach dieſer Schlacht der Mut ſinken, gegen Athen die
Waffen zu erheben, aber ſie hatten ſich wahrſcheinlich ſchon zu

---

*) s. Weissenborn. Hell. p. 139, 142 ff. Clinton de
Amphip. Schäfer p. 16. Duncker 7, 91.
**) p. 755 Reiske: τὰς Ἐννέα Ὁδοὺς Ἄγνων συνοικίσας Ἀθηναίοις
Ἀμφίπολιν ἐκάλεσαν ἐπὶ ἄρχοντος Ἀθήνῃσιν Εὐθυμένους.

sehr kompromittiert, um noch zurückzukönnen. Sie mochten wissen, daß die Schuld an dem wenige Jahre vorher erfolgten Untergang der ersten attischen Ansiedlung ihnen mit zur Last gelegt wurde, und nun befürchten, daß Athen jetzt die willkommene Gelegenheit· benutzen würde, ihnen dasselbe Schicksal, wie Naxos zu bereiten. Auch der König Alexander von Makedonien, der gleichfalls sein Auge auf die Strymongegenden geworfen hatte, und in dessen Pläne eine attische Ansiedlung daselbst störend eingriff, muß ihnen seine Hülfe versprochen haben; denn die gegen Kimon erhobene Anklage, daß er Makedonien nicht angegriffen habe, beweist doch, daß Alexander sich Athen gegenüber feindselig gezeigt hatte. Nicht minder durften die Thasier von Sparta Beistand erwarten, und ihre eigne Macht muß ziemlich bedeutend gewesen sein, wenn sie den Athenern auf offener See und in mehreren Feldschlachten (Thuc. I, 101: νικηθέντες μάχαις) entgegenzutreten wagten. Unter solchen Umständen konnte Thasos seinen Abfall mit einiger Aussicht auf Erfolg wagen; aber auch ohne eine solche hätten die Thasier den Besitz der reichen Goldbergwerke nimmer ohne Kampf dahingegeben. Daß der Abfall von Thasos, wie Curtius und Duncker glauben, erst nach der Niederlage bei Drabeskos im Hochsommer 464 erfolgte, ist, abgesehen von chronologischen Gründen, schon durch die Darstellung des Thukydides ausgeschlossen. Thukydides erzählt den Seesieg gegen die Thasier und die Landung auf der Insel; um dieselbe Zeit (ὑπὸ τοὺς αὐτοὺς χρόνους) folgt dann die Aussendung der· Kolonisten. Darnach kann die Überschiffung der Kolonisten nicht lange nach oder höchstens gleichzeitig mit dem Auslaufen der Kriegsflotte, das Unglück bei Drabeskos nach oder während der Landschlachten auf Thasos gedacht werden. Die erst für das Frühjahr 464 geplante Aussendung der Kleruchen wird diesesmal wegen des Abfalls von Thasos beschleunigt worden sein. Wenn Duncker sich darauf beruft, daß bei Thukydides und Diodor der Zwist wegen der Bergwerke als Grund des Abfalls angegeben wird, so übersieht er, daß die Athener schon früher in diesen Grubendistrikt vorzubringen versucht hatten, und daß auch die Absicht der Ansiedlung unter Leagros den Thasiern schon lange bekannt sein mußte, ehe sie ausgeführt werden konnte.

Die Thasier, in mehreren Schlachten besiegt, wenden sich an Sparta um Hülfe. Die Spartaner sagen ihnen einen Ein fall in Attika zu. Diese Einfälle erfolgten gewöhnlich τοῦ ἐπιγιγνομένου θέρους d. h. im Mai. Im Begriff, den Einfall zu thun (καὶ ἔμελλον Thuc. I, 101), werden sie durch das Erdbeben daran gehindert. Darnach fällt das Erdbeben nicht, wie Duncker und Schäfer annehmen, in den Hochsommer 464, sondern schon in das Frühjahr dieses Jahres. Das ergiebt sich auch aus Plutarch, der es in das vierte Jahr des Archidamos verlegt (Cim. 16: Ἀρχιδάμου τοῦ Ζευξιδάμου τέταρτον ἔτος ἐν Σπάρτῃ βασιλεύοντος), da Archidamos vor Mai 468 den Thron bestiegen haben muß; sowie aus Diodor, der (nach dem Chronographen, s. weiterhin) das Ende des im zehnten Jahre beendeten Krieges auf 456/55, das Jahr des Kallias, ansetzt, wonach der Anfang des Krieges auf 465/64 zu stehen kommt. Pausanias hat das Erdbeben wenige Monate zu spät angesetzt, wenn er es (4, 24, 5: Ἀρχιδημίδους Ἀθήνῃσιν ἄρχοντος) eintreten läßt. Schäfer glaubte die Data des Pausanias und Plutarch vereinigen zu können. Er nahm als erstes Jahr des Archidamos das lakonische Kalenberjahr 469/68 an und behauptete, daß das letzte Viertel des vierten Jahres des Archidamos mit dem ersten Viertel des Jahres des Archidemides gleichgelaufen sei. Daher verlegt er das Erdbeben zwischen Juli und September 464: post solstitium aestivum et ante aequinoctium auctumnale Schäfer hat sich hier geirrt, denn wenn Plutarch das vierte lakonische Kalenberjahr der Regierung des Archidamos gemeint hätte, und als erstes Jahr das Jahr 469/68 anzusehen wäre, so würde das vierte Jahr von Herbst 466 bis Herbst 465 reichen, d. h. 9 Monate vor dem Jahre des Archidemides zu Ende gehen. Wohl aber konnte das Erdbeben noch in das vierte Jahr vom Regierungsantritt des Archidamos fallen.

Thasos wurde im dritten Jahre der Belagerung unterworfen (Thuc. I, 101), die Übergabe erfolgte demnach vor dem Herbst 462, wahrscheinlich in der ersten Hälfte dieses Jahres.

Der messenische Krieg endigte im zehnten Jahre; wir setzten die Übergabe von Ithome in den Spätfrühling 455. Die Messenier erhalten freien Abzug und werden von den Athenern in dem kurz zuvor eroberten Naupaktos angesiedelt. Thuc. I, 103: ἐς Ναύπακτον κατῴκισαν ἣν ἔτυχον ᾑρηκότες νεωστὶ Λοκρῶν τῶν Ὀζολῶν ἐχόντων. Der Feldzug des Tolmides fällt demnach in das Jahr 456. Tolmides wird nach Einnahme von Naupaktos, im Spätherbst 456, mit der

Flotte in Pagä*), am krisäischen Meerbusen überwintert und mit derselben im nächsten Sommer die Messenier nach Naupaktos übergesetzt haben**). Auf solche Weise erklärt sich die unmittelbare Verbindung, in welche bei Diod. XI, 84 der Zug des Tolmides und die Überführung der Messenier gesetzt ist. Daß der Zug des Tolmides wirklich im Sommer 456 stattfand, beweisen auch die Scholien zu Äschines II, 21: Βοιὰς καὶ Κύϑηρα εἷλον ἄρχοντος Καλλίου = 456/55. Wenn Diodor (XI, 84) den Feldzug des Tolmides gleichfalls in das Jahr des Kallias verlegt, so kann diese Zeitangabe aus Ephoros stammen (Herbst 457 bis Herbst 456). Keinenfalls aber konnte Ephoros die Übergabe von Ithome im Frühling 455 noch unter Kallias erwähnen. Diese konnte wohl der Chronograph, aber nicht Ephoros, in dasselbe Jahr, wie den Feldzug des Tolmides, verlegen; Ephoros hätte die Übergabe in das Jahr des Sosistratos 455/54 (Herbst 456 bis Herbst 455) ansetzen müssen. Daraus ergiebt sich, daß mindestens der Abschnitt von κατὰ γὰρ τὸν αὐτὸν χρόνον an, ebenfalls wie der darauf folgende Feldzug des Perikles aus der chronologischen Quelle Diodors stammt. Dies ist auch der Grund, weshalb Diodor, der den Anfang des im zehnten Jahre beendeten Krieges auf 469 ansetzte, das Ende trotzdem in das richtige Jahr 456/55 nach attischem Kalender verlegte. Ist andrerseits nach dem Zeugnis der chronologischen Quelle Ithome noch vor dem Sommer 455 gefallen, so kann das Erdbeben in Sparta nur im Frühjahr 464 und nicht erst im Herbst dieses Jahres stattgefunden haben, da von Herbst 464 bis zum Beginn des attischen Kalenderjahres 455/54 noch keine neun Jahre verflossen waren. Duncker sah sich durch seine spätere Ansetzung dieses Naturereignisses genötigt, den Fall Ithomes bis nach dem Herbst 455 hinabzurücken. Er verlegt ihn in den Frühling

---

*) Seit dem Anschluß Megaras an Athen befand sich dieser Hafen in den Händen der Athener, und auch Perikles lief bei seinem Feldzuge gegen Sikyon von Pagä aus. Plut. Pericl. 19. Thuc. I. 111.

**) Demnach haben die Spartaner wohl nicht blos aus Scheu vor dem pythischen Orakel, das ihnen verbot, sich an den Schutzflehenden des Zeus von Ithome zu vergreifen (Thuc. I. 103 f., Paus. III. 11. 8. IV. 24. 7), die Messenier unversehrt entlassen, sondern es wird auf diesen Entschluß die begründete Besorgnis eingewirkt haben, daß Tolmides im nächsten Jahr die Rundfahrt wiederholen und den eingeschlossenen Messeniern Entsatz bringen möchte. Die Religiosität spielte bei den Spartanern nur dann eine Rolle, wenn sie sich mit der Politik vertrug. Der Heloten hatte man am Altar des Poseidon am Tänaron nicht geschont.

454, kommt aber dabei mit der Erzählung des Thukydides in=
sofern in Widerspruch, als nach dieser Naupaktos beim Fall
Ithomes erst seit kurzem ($\nu\epsilon\omega\sigma\tau\acute{\iota}$) in den Händen der Athener
sein soll, was bei der präzisen Ausdrucksweise des Thukydides
doch nicht auf einen 1½ jährigen Zeitraum bezogen werden
kann*), mit der Darstellung Diodors, abgesehen von dessen ab=
weichender Zeitangabe, dadurch, daß Tolmides im Anschluß an
seine Rundfahrt, die Messenier nach Naupaktos bringt, dieser
Feldherr im Jahre 454, nach der chronologischen Quelle Dio=
dors, sich in Böotien befindet (XI, 85).

Die Chronologie der dem Zug des Tolmides voraus=
liegenden Ereignisse ergiebt sich aus der Zeitbestimmung für
das Ende des ägyptischen Krieges und die Datierung der be=
kannten Verlustliste der erechtheïschen Phyle.

Der Krieg in Ägypten endete mit der Niederlage der
Athener auf Prosopitis. Der Untergang der großen attischen
Flotte in Ägypten gefährdete die Sicherheit des Bundesschatzes
auf Delos, derselbe ward daher nach Athen überführt. Plut.
Pericl. 12: $\delta\epsilon\acute{\iota}\sigma\alpha\nu\tau\alpha$ $\tauο\grave{\upsilon}ς$ $\beta\alpha\rho\beta\acuteά\rhoο\upsilonς$ $\grave{\epsilon}\kappa\epsilon\tilde{\iota}\vartheta\epsilon\nu$ $\grave{\alpha}\nu\epsilon\lambdaέσ\vartheta\alpha\iota$
$\kappa\alpha\grave{\iota}$ $\varphi\upsilon\lambdaά\tau\tau\epsilon\iota\nu$ $\grave{\epsilon}\nu$ $\grave{ο}\chi\upsilon\rho\tilde{\omega}$ $\tau\grave{\alpha}$ $\kappaο\iota\nu\acuteα$. Die Überführung erfolgte
nach Ausweis der Urkunden**) im Jahre des Ariston***). Dar=
nach muß die Entscheidung in Ägypten im Laufe des Jahres
454 erfolgt sein. Die Niederlage bei Prosopitis ward herbei=
geführt durch Austrocknen des Kanals ($\xi\eta\rhoά\nu\alphaς$ $\tau\grave{η}\nu$ $\delta\iota\acuteώ\rho\upsilon\chi\alpha$
Thuc. I, 109), fällt daher vor die Ende Juli eintretende
Überschwemmung. Die griechische Streitmacht wurde nach sechs=
jährigem Kampfe aufgerieben (Thuc. I, 110: $ο\H{υ}\tau\omega$ $\mu\grave{\epsilon}\nu$ $\tau\grave{α}$
$\tau\tilde{\omega}\nu$ $\H{Ε}\lambda\lambda\acute{η}\nu\omega\nu$ $\pi\rhoά\gamma\mu\alpha\tau\alpha$ $\grave{\epsilon}\varphi\vartheta\acuteά\rho\eta$ $\grave{\epsilon}\xi$ $\grave{\epsilon}\tau\eta$ $\pioλ\epsilon\mu\acute{η}\sigma\alpha\nu\tau\alpha$),
darnach müßte der Beginn des Kampfes Juli 460 fallen.

Gehen wir nun zu der Verlustliste der Erechtheïs über.
Nach dem Wortlaut derselben †) fällt der Beginn des Krieges in
Ägypten in dasselbe Jahr, wie der Ausbruch des Krieges gegen
Spartas peloponnesische Bundesgenossen. Letztere Kämpfe gehören,

---

*) Bei der Ankunft des Themistokles in Susa nach dem $\nu\epsilon\omega\sigma\tau\acute{\iota}$ er=
folgten Tode des Xerxes war letzterer erst seit wenigen Monaten tot.
**) Köhler, Urk. und Unters., Abh. der Berl. Akad. 1868.
***) Wenn bei Just. 36. 4. die Überführung des Bundesschatzes in=
folge des Bruches mit Sparta erfolgt sein soll, so mögen um jene Zeit
wohl Beratungen darüber stattgefunden haben, aber zur wirklichen Über=
führung kam es dann infolge der attischen Seesiege nicht.
†) Inscr. att. 1. 165: $\H{Ε}\rho\epsilon\chi\vartheta\eta\acute{\iota}δος$ $ο\H{\iota}δε$ $\grave{\epsilon}\nu$ $\tau\tilde{\omega}$ $\pioλέ\mu\omega$ $\grave{\alpha}\pi\acute{\epsilon}\vartheta\alpha\nuο\nu$
$\grave{\epsilon}\nu$ $Κ\acute{υ}\pi\rho\omega$, $\grave{\epsilon}\nu$ $Α\grave{\iota}\gamma\acute{υ}\pi\tau\omega$, $\grave{\epsilon}\nu$ $Φο\iota\nu\acute{\alpha}\gamma$, $\grave{\epsilon}\nu$ $\H{Α}\lambda\iota\epsilon\tilde{\upsilon}\sigma\iota\nu$, $\grave{\epsilon}\nu$ $Α\grave{\iota}\gamma\acute{\iota}\nu\eta$, $Μ\epsilon\gammaαρο\tilde{\iota}$ $\tauο\tilde{\upsilon}$
$α\grave{\upsilon}\tauο\tilde{υ}$ $\grave{\epsilon}\nu\iota\alpha\upsilon\tauο\tilde{\upsilon}$.

wie Unger scharffinnig zu erweisen sucht (Philol. 41, 113 ff.), in die Zeit vom 15. Juli bis zum Anfang Oktober 459. Unger's Beweisführung ist folgende: Die Kämpfe gegen die Peloponnesier, welche nach der Urkunde in demselben Jahr stattgefunden haben sollen, berichtet Diodor unter den beiden Jahren des Philokles und Bion. Diese Differenz zwischen Diodor, der doch sonst umgekehrt die Ereignisse mehrerer Jahre in eins zusammenzuziehen pflegt, und der Urkunde, ist dadurch zu erklären, daß bei Diodor die Jahresepoche des Ephoros zu Grunde liegt, das Jahr der attischen Inschrift sich mit dem attischen Kalenderjahr deckt. Wenn nun Diodor die Schlachten bei Haleïs, Kekrophaleia und Ägina unter dem Jahr des Philokles erzählt (b. h. Herbst 460 bis Herbst 459), die Kämpfe in Megaris in das Jahr des Bion verlegt, (b. h. Herbst 459 bis Herbst 458), so ist das attische Jahr der Inschrift das des Philokles 459/58, und die Schlachten bei Haleïs, Kekrophaleia und Ägina fallen in den Anfang des attischen, aber in das Ende des lakonischen Jahres, b. h. zwischen Mitte Juli und Anfang Oktober 459, die in Megaris in das nächste lakonische Jahr. Diese höchst wahrscheinliche Kombination wird dadurch zur Thatsache erhoben, daß die Schlacht bei Haleïs von Diodor zweimal erzählt wird, und da der eine Bericht aus der chronologischen Quelle entlehnt sein wird, durch das Zeugnis des Chronographen in das attische Jahr 459/58 gehört. Die Kämpfe der Inschrift sind in zwei Gruppen, nach der Örtlichkeit, geteilt; die Verluste auf Kypros mögen etwa gleichzeitig mit denen bei Haleïs erlitten sein. Soweit Unger. In Bezug auf den Teil seiner Ausführungen, daß die Kämpfe gegen die Peloponnesier in das Jahr des Philokles gehören, schließe ich mich seiner Ansicht vollkommen an; es wird das durch die von Unger entdeckte Doublette und die Thatsache, daß Ephoros den Beginn einer zusammenhängenden Erzählung nach seiner Zeitrechnung genau zu bestimmen pflegt, erwiesen. Völlig willkürlich ist dagegen Unger's Annahme, daß die Kämpfe nicht in derselben Reihenfolge, wie in der Inschrift, sondern etwa in der Art erfolgt seien, daß auf Kypros und Haleïs zu gleicher Zeit gekämpft wurde. Die Athener können nicht mehr im Juli auf Kypros gewesen sein; denn vor Ende Juli nahmen sie bereits an der Landschlacht der Ägypter an dem sebennytischen Nilarme gegen die Perser erfolgreichen Anteil. Duncker 8, 299: „die Verstärkungen des Achämenes müssen frühzeitig im Jahre aufgebrochen sein, um nicht in den heißen Monaten durch die Wüste zu

marfchieren; bie Überfchwemmung, bie alle Operationen, ins=
befonbere in Unter=Ägypten, hinbert, tritt Enbe Juli ein;
Achämenes muß fich alfo eingerichtet haben, vor Enbe Juli zu
fchlagen". Die Schlacht bei Pagremis aber etwa in ben
Juni 458 zu legen, verbietet bie bei Thukybibes angegebene
fechsjährige Dauer bes 454 beenbeten Krieges. Fallen aber
bie Kämpfe auf Kypros vor Beginn bes Jahres bes Philokles,
fo ift bamit auch implicite Unger's Annahme wiberlegt, baß
in ber Infchrift, wie in allen von Athenern an Athener ge=
richteten Kunbgebungen, bas attifche Kalenberjahr vorausgefetzt
wirb. Wäre bies ber Fall, fo hieße es in ber Infchrift wohl
nicht blos τοῦ αὐτοῦ ἐνιαυτοῦ, fonbern es wäre ber Name
bes Archonten biefes Jahres hinzugefügt worben. Es gehören
fobann bie Kämpfe auf Kypros unb bie in Griechenlanb zwei
verfchiebenen attifchen Archontenjahren an, unb es ift, wie
Krüger (Stubien 1, 163) unter Zuftimmung von Schäfer
(p. 18) unb Duncker (8, 278) angenommen hat, bei bem
Jahr ber Infchrift an ein Natur= ober Kriegsjahr zu benfen.
Da nun bie in ber Infchrift zuletzt genannten Kämpfe in Me=
garis nur burch einen ganz kurzen Zeitraum von ber Seefchlacht
bei Ägina zeitlich getrennt finb, unb bie Seefchlacht bei Ägina
nach Unger noch vor Oktober 459 geliefert wurbe, fo könnte
man annehmen, baß bas in ber Infchrift gemeinte Jahr vom
Herbft 460 bis Herbft 459 gereicht habe, womit auch bie
fechsjährige Dauer bes Krieges ziemlich ftimmen würbe, wenn
— bie bei Unger gegebene Zeitbeftimmung ber Schlacht bei
Ägina nur richtig wäre. Das ift jeboch keineswegs ber Fall.
Der Verfuch ber Peloponnefier, burch einen Einfall in Megaris
bie Athener von Ägina wegzuziehen, war mißglückt; Sparta
mußte für feine Verbünbeten eintreten. Die Befchützung ber
Dorer am Parnaß, welche von ben Phokiern angegriffen
wurben, bot ben Spartanern einen paffenben Vorwanb. Im
Sommer 458 ftanb ein größeres peloponnefifches Heer in
Mittelgriechenlanb. Der Felbzug gegen bie Phokier, ber Auf=
enthalt bes peloponnefifchen Heeres in Böotien, bie Schlacht bei
Tanagra werben von Diobor noch unter bemfelbeu Jahr, wie
bie Kämpfe in Megaris erzählt, b. h. vom Herbft 459 bis
Herbft 458. Die Schlacht bei Tanagra kann erft im Spät=
fommer 458 erfolgt fein, benn ber 2 Monate barauf (Thuc.
I, 108) erfochtene Sieg ber Athener bei Dinophyta wirb von
Diobor bereits in bas nächftfolgenbe Jahr (Herbft 458 bis
Herbft 457) verlegt. Die Schlacht bei Tanagra mag im Auguft,

die bei Oinophnta im Oktober erfolgt sein. Nach der Schlacht bei Oinophnta erfolgt die Belagerung von Tanagra*), die Unterwerfung von Böotien mit Ausnahme Thebens, von Phokis und Lokris, die Beendigung des Baues der langen Schenkelmauern. Nach Aufzählung dieser Begebenheiten fährt Thukydides fort: ὡμολόγησαν δὲ καὶ Αἰγινῆται μετὰ ταῦτα τοῖς Ἀθηναίοις. Die Belagerung Tanagras denken wir uns im November 458 beendigt. Da Diodor ausdrücklich erwähnt, daß Theben den Athenern nicht zufiel**), so werden die übrigen Städte Böotiens nach Tanagras Fall gar keinen Widerstand versucht haben. Die Lokrer wurden, wie Diodor sich ausdrückt, ἐξ ἐφόδου überwältigt. Die Phokier waren ohnehin den Athenern freundlich gesinnt und nur gezwungen den Spartanern beigetreten; sie werden sich daher jetzt bereitwillig den Athenern angeschlossen haben. Von ihnen, wie von den böotischen Städten, verlangen die Athener auch gar keine Geiseln. Die weiteren Erfolge Athens müssen daher rasch aufeinander gefolgt sein; sie können schwerlich mehr Zeit, als vom November 458 bis Anfang Februar 457 in Anspruch genommen haben. Zu dieser Zeit kann auch der Bau der Schenkelmauern beendet gewesen sein. Derselbe war zwar erst zur Zeit der Kämpfe in Megaris (Thuc. I, 107) begonnen worden, und ein großer Teil der Bürgerschaft befand sich zudem außerhalb Athens, in Ägypten, auf Ägina und in Böotien, aber der schwierigste Teil des Baues, die Legung der Fundamente in den sumpfigen Gegenden, war schon vorher von Kimon vollendet worden (Plut. Cim. 13). Ward also nach Thukydides Ägina erst zu dieser Zeit, d. h. Anfang Februar 457, übergeben, so kann es bei einer neunmonatlichen Belagerung nicht schon vor Oktober 459, sondern erst Anfang Mai 458 eingeschlossen worden sein. Die bestimmte Angabe Diodors aber, daß die Belagerung Äginas 9 Monate dauerte, zu bezweifeln, liegt kein Grund vor. Wenn z. B. Schäfer so weit geht, eine vierjährige Belagerung Äginas anzunehmen, so läßt sich sein Irrtum direkt erweisen, da die Rundfahrt des Tolmides im Sommer 456 sicherlich erst nach der Übergabe Äginas unternommen wurde. Bei der Unselbständigkeit, mit der Diodor

---

*) Dieselbe ist nur durch Diodor überliefert (XI, 82. Ταναγρην μὲν ἐκπολιορκησας); bei Thukydides heißt es nur: Ταναγραίων τὸ τεῖχος περιεῖλον. Jedenfalls kann die Belagerung nicht lange gedauert haben.

**) XI. 83. πασῶν τῶν κατὰ τὴν Βοιωτίαν πόλεων ἐγκρατὴς ἐγένετο πλὴν Θηβῶν.

seine Quellen benutzte, ist nicht anzunehmen, daß er die Zeit=
bestimmung der 9 Monate selbst eingefügt hat. Fand er sie
aber in seinen Quellen vor, so dürfen wir nicht eher von dieser
Angabe abgehen, ehe sich ihre Unmöglichkeit erweisen läßt. Eine
olche Unmöglichkeit liegt aber gar nicht vor; die neunmonatliche
Belagerung Äginas und der Beginn derselben, Anfang Mai
458, läßt sich sehr wohl mit dem Jahr der Verlustliste der
Erechtheïs vereinigen. Muß die athenische Flotte erst vor Ende
Juli 459 in Ägypten sein, so können die letzten Kämpfe auf
Kypros im Juni 459, die Kämpfe bei Megara Mitte oder
Ende Mai 458 stattgefunden haben. Ja, wenn man die ge=
waltige Seemacht bedenkt, über welche beide Parteien in der
Seeschlacht bei Ägina verfügen, so wird man geneigter sein,
eine längere Zeit der Rüstungen diesem Entscheidungskampf
vorausgehen zu lassen, als die drei Kämpfe bei Halicïs, Ketry=
phaleia und Ägina in den kurzen Zeitraum von 3 Monaten
zusammenzudrängen. Bei Ketryphaleia siegen die Athener
allein (Thuc.: καὶ ἐνίκων Ἀθηναῖοι); zu der Seeschlacht bei
Ägina hatten sie auch die Bundesgenossen aufgeboten (Thuc.:
καὶ οἱ σύμμαχοι ἑκατέροις παρῆσαν); hat demnach die Be=
agerung von Ägina erst Anfang Mai 458 begonnen, so folgt
daraus, daß sie nach Ephoros nicht noch unter dem Jahre des
Philokles (Herbst 460 bis Herbst 459) erzählt werden konnte.
Es ist aber auch klar. daß diese Zeitbestimmung gar nicht aus
Ephoros stammt. Ephoros hatte die Belagerung Äginas im
Anschluß an die Belagerung von Thasos erzählt, wie dies
Diod. XI, 50 erweist. Der Abfall von Thasos (Herbst 465)
trägt durch seine Zeitbestimmung unter Archidemides 464/63
(d. h. Herbst 465 bis Herbst 464) den Stempel des Ursprungs
aus Ephoros. Nach seiner Manier wird aber Ephoros den
Abfall von Thasos nicht vereinzelt erzählt, sondern wegen der
Gleichartigkeit des Stoffes den Krieg gegen die beiden Insel=
staaten in einem zusammenhängenden Kapitel behandelt haben.
Zu dieser Voraussetzung stimmt auch vortrefflich die auf die
Einschließung Äginas (XI, 70) folgende, mit καθόλου be=
ginnende allgemeine Betrachtung über das harte Verfahren der
Athener gegen ihre Bundesgenossen. An jener, also sicher aus
Ephoros stammenden Stelle, wird nun der Ausbruch des Krieges
mit Ägina erzählt und mit den Worten: καὶ τὴν Αἴγιναν πο-
λιορκοῦντες ἔσπευδον ἑλεῖν κατὰ κράτος plötzlich abgebrochen,
über das Schicksal der Belagerung erfahren wir nichts, XI. 78
wird nur, ohne an die vorherige Einschließung Äginas zu er=

innern, von neuem der Ausbruch des Krieges mit Ägina er=
zählt, und zwar stammt die Darstellung, wie eine Vergleichung
der beiden einschlägigen Stellen lehrt, troh großer Aehnlichkeit
aus verschiedenen Stellen. In dem ersten aus Ephoros
stammenden Bericht wird die Seeschlacht bei Aegina übergangen,
ebenso wie bei der vorhergehenden Belagerung von Thasos
die der Landung auf Thasos vorhergehende Seeschlacht. Im
zweiten Berichte ist die Seeschlacht und der Name des athenischen
Feldherrn Leokrates erzählt, dagegen die im ersten Bericht er=
wähnte Verwüstung Aeginas übergangen. Von zwei Be=
lagerungen Aeginas durch Athen ist uns nichts bekannt. Wie
kommt nun Diodor dazu, dieselbe Erzählung zweimal zu bringen?
Der Grund ist einfach der, daß Diodor bei Ephoros den Krieg
mit Aegina im Anschluß an den Abfall von Thasos erzählt,
beim Chronographen dagegen den Beginn des Krieges mit
Aegina unter Philokles verzeichnet fand.*) Denn der Chrono=
graph mußte allerdings den Beginn der Belagerung Aeginas
Anfangs Mai 458 in das Jahr des Philokles 458/59 legen.
So giebt uns auch hier eine Doublette die Bestätigung ander=
weitig gefundener Resultate, und wird der Umstand erklärt,
daß die fast gleichzeitigen Kämpfe bei Aegina und in Megaris
von Diodor in verschiedene Jahre gelegt werden.

Die Ereignisse in Aegypten können von dem Untergange
der athenischen Flotte an genau rückwärts verfolgt werden. Im
Juli 454 nahm Megabyzos Prosopitis mit Sturm. Anderthalb
Jahre (Thuc. ἐνιαυτὸν καὶ ἓξ μῆνας) blieben die Griechen
auf der Insel blockiert. Darnach muß die Einschließung
Januar 455 begonnen haben. Der Einschließung geht der
Anmarsch des Megabyzos, der Sieg des persischen Feldherrn
über die Aegyter und ihre Bundesgenossen, die Vertreibung der
Hellenen aus Memphis und ihre schließliche (τέλος Thuc.)
Zurückdrängung auf Prosopitis voraus. Da der Sieg der
Perser zu Lande erfochten wurde (μάχῃ Thuc.), so liegt er vor
der Zeit der Ueberschwemmung, der Marsch von Syrien nach
der Wüste muß in den der heißen Jahreszeit vorausgehenden
Monaten erfolgt sein (s. Duncker's Bemerkung aus dem Jahre
459): aus beiden Umständen vereint ergiebt sich, daß Mega=
byzos im Frühling 456 gegen Aegypten aufbrach. Ein Jahr

---

*) Wir werden dasselbe Verfahren Diodors bei der Belagerung
Potidäas wiederfinden.

vor dem Ausmarsch verwandte Megabyzos nach Zusammen=
ziehung des Heeres auf Einübung der Truppen und den Bau
einer Flotte (Diod. XI, 75). Dadurch kommen wir auf den
Frühling 457. Dem Oberbefehl des Megabyzos geht die
Sammlung der Truppen, die Unterhandlung des Megabazos
in Sparta voraus. Darnach fällt die Sendung des Megabazos
und sein Aufenthalt in Sparta in den Winter 459/58*), seine
Rückkehr nach Susa in den Sommer 458, die Sammlung der
Truppen in die zweite Hälfte von 458. Die Sendung des
Megabazos erfolgte nach Thukydides, als die Athener anfangs
die Oberhand hatten, d. h. in dem der Schlacht bei Pagremis
folgenden Winter. Auf diese Weise ergiebt sich also, daß die
Athener im Sommer 459 in Ägypten erscheinen**). Zu dem=
selben Ergebnis kamen wir dadurch, daß das Jahr der Verlust=
liste der erechtheïschen Phyle von Juni 459 bis Juni 458 reicht.
Wie harmonieren aber diese Ergebnisse mit den Angaben des
Thukydides? Juli 454 ging die athenische Flotte in Ägypten
zu Grunde; 6 Jahre hatte sie gekämpft, ehe sie unterging.
Darnach mußte ja der ägyptische Krieg nicht im Juli 459,
sondern im Juli 460 begonnen haben. Es nützt nichts, mit
Duncker die Ereignisse ein wenig vorzurücken, die Kämpfe auf

Kypros schon Mitte Mai, das Erscheinen der griechischen Flotte in
Aegypten um Mitte Juni anzusetzen und dann zu versichern, daß der
Krieg wirklich im Anfang des sechsten Jahres beendet wurde.
Thukydides sagt nicht, daß der Krieg im sechsten Jahre beendet
wurde, sondern daß nach Verlauf von 6 Jahren die griechische
Macht vernichtet wurde (οὕτω μὲν τὰ τῶν Ἑλλήνων πράγματα
ἐφθάρη ἓξ ἔτη πολεμήσαντα). Soll man nun Thukydides
Unrecht geben oder soll man seiner Angabe zu Liebe die Zeit=
angaben des Chronographen und Ephoros für falsch erklären,
die Verlustliste um ein Jahr vordatieren, ein weiteres Jahr des
ägyptischen Krieges annehmen, über das wir uns keine Rechen=
schaft zu geben wüßten? Keins von beiden ist nötig, wenn
man sich streng an die Worte des Thukydides hält. Thukydides
sagt nicht, daß der ägyptische Krieg nach 6 Jahren beendigt
wurde, sondern er sagt, daß die griechische Macht (er meint
damit die Flotte von 200 Schiffen) nach sechsjährigem Kampf
vernichtet wurde. Beides ist nicht dasselbe. Der ägyptische
Krieg endete ihm erst später nach Untergang der 50 nach=
gesandten athenischen Schiffe: τὰ μὲν κατὰ τὴν μεγάλην στρατείαν Ἀθηναίων καὶ τῶν συμμάχων ἐς Αἴγυπτον οὕτως
ἐτελεύτησεν. Jene Flotte von 200 Schiffen, die nach sechs=
jährigem Kampf unterging, war nicht direkt nach Ägypten ge=
segelt; schon auf Kypros hatte der Kampf gegen die Perser,
von dem Thukydides spricht, begonnen. Die 6 Jahre sind
nicht von dem Erscheinen der Flotte in Ägypten, sondern vom
Auslaufen der Flotte aus dem Piräus zum Kriege gegen Persien,
von den ersten Kämpfen auf Kypros an gerechnet. Nimmt
man nun an, daß diese Flotte schon im Sommer 460 nach
Kypros absegelte, so befindet sich Thukydides mit der vorher
gefundenen Zeitfolge in völligem Einklang. Daß aber die
Flotte nicht erst im Frühling 459 nach Kypros absegelte, dafür
spricht alle Wahrscheinlichkeit. Durch das Erscheinen der athe=
nischen Flotte auf Kypros wird Inaros auf den Gedanken ge=
bracht, in Athen Hülfe zu suchen. Inaros war über die
Rüstungen der Perser jedenfalls wohl unterrichtet; er mußte
wissen, daß im Vorsommer des Jahres 459 ihm der Ent=
scheidungskampf bevorstand. Als seine Botschaft in Athen ein=
traf, war die Flotte bereits in Kypros. Kann man nun an=
nehmen, daß Inaros bis zum letzten Moment mit dem Hülfe=
gesuch gewartet habe? Denn frühestens im April könnte die
Flotte ausgesegelt sein; im Mai würde sie sich auf Kypros be=
funden haben; die Botschaft soll ja aber eingetroffen sein, als

die Flotte sich bereits auf Kypros befand. War es in solchem Falle überhaupt möglich, dem Hülfegesuch noch rechtzeitig Folge zu leisten, da der Befehl erst der attischen Flotte übermittelt werden mußte, diese aber schon im Juli in Ägypten bei Pagremis kämpft? Alle Umstände sprechen dagegen für das Erscheinen der griechischen Flotte auf Kypros im Jahre 460. Nach der Schlacht am Eurymedon hatte der Abfall von Thasos die Athener gehindert, ihren Sieg weiter zu verfolgen. Thasos hatte 462 kapituliert, 461 fand, wie sich zeigen wird, der Hülfezug der Athener nach Ithome statt; 460 werden die Athener sich gegen Kypros gewandt haben, um den durch den Aufstand von Thasos unterbrochenen Angriffskrieg gegen Persien fortzusetzen. Dazu hatten sie in jener Zeit noch ganz besondere Veranlassung. Nach der Schlacht am Eurymedon hatte der Perserkönig zahlreiche Trieren bauen lassen (Diod. XI, 62: οἱ δὲ Πέρσαι τοιούτοις ἐλαττώμασι περιπεπτωκότες ἄλλας τριήρεις πλείους κατεσκεύασαν); nach Ausbruch des ägyptischen Aufstandes, etwa um 462, wurden die Rüstungen in erweitertem Maßstabe fortgesetzt (Diod. XI, 71: εὐθὺς μὲν ουν ἐξ ἁπάσων τῶν σατραπειῶν κατέλεγε στρατιώτας καὶ ναῦς κατεσκεύαζε καὶ τῆς ἄλλης ἁπάσης παρασκευῆς ἐπιμέλειαν ἐποιεῖτο). Athen konnte nicht wissen, wem diese Rüstungen galten; die neue Flotte konnte ebenso gut in das ägäische Meer, als nach Aegypten entsandt werden. Daß man zu Athen Befürchtungen in dieser Hinsicht hegte, beweisen die beiden Expeditionen des Perikles mit 50 Trieren und des Ephialtes mit 30 Trieren, von denen Plutarch (Cim. XIII) aus Kallisthenes zu berichten weiß. Auf diesen beiden Rekognoszierungsfahrten, die in die Jahre 462 und 461 gehören werden, fand man zwar, daß die Perser noch nicht über die chelidonischen Inseln hinausgegangen seien, hatte sich aber jedenfalls Gewißheit über die starken persischen Rüstungen verschafft. Athens Kräfte waren 460 unbeschäftigt; in Griechenland hatte es in dieser Zeit nichts zu befürchten. Sparta war noch mit dem messenischen Aufstand beschäftigt; Argos und Thessalien standen mit Athen im Bunde. Was lag also näher und war dem Charakter der Athener entsprechender, als daß sie nicht erst abwarteten, bis die Perser etwa im ägäischen Meere erschienen und den Bundesschatz auf Delos bedrohten, sondern ihrerseits mit dem Angriff zuvorkamen?

Demnach halte ich mich überzeugt, daß der Beginn des Feldzuges auf Kypros schon in das Jahr 460 gehört. Die noch unbestimmt gelassenen Ereignisse in Griechenland vom

Ausbruch des Zwistes zwischen Athen und Sparta bis zum Abschluß des fünfjährigen Waffenstillstandes laffen sich nun leicht folgendermaßen datieren:

Das Bündnis Athens mit Argos und Theffalien erfolgte im Winter 461/60, der Anschluß Megaras an Athen im Winter 460/59. Diodor erwähnt letzteren nach Ephoros zwar erst unter Bion (b. h. Herbst 459 bis Herbst 458); aber in diefes Jahr gehören erst die darauf erwähnten Kämpfe in Megaris, welchen Diodor als Begründung den bei Ephoros damit in Zusammenhang erzählten Krieg zwischen Korinth und Megara und Megaras Hülfegefuch bei Athen vorausschickte. Der Krieg zwischen Korinth und Megara war schon 461 zur Zeit des Hülfezuges Kimons nach Ithome ausgebrochen, wie die Antwort Kimons lehrt*), mit der er den Vorwürfen des Korinthiers Lachartos begegnet, daß er ohne Anzeige durch ihr Gebiet marschiert fei. Sparta konnte Megara keinen Schutz gewähren, ohne Korinth zu verletzen; fo wandte sich denn Megara an Athen, welches nach der Heimsendung feiner Krieger von Ithome auf Sparta keine Rücksicht mehr zu nehmen brauchte. Durch das Bündnis mit Argos war Athen ohnedies in einen feindlichen Gegenfatz zu Korinth geraten, da Korinth die mit Argos verbündeten Kleonäer (Strabo p. 372) bekriegte (vgl. Plut. Cim. 17). Die Aufnahme von Megaris in die athenische Symmachie wird von Thukydides vor dem Einschreiten der Athener in Aegypten, b. h. vor Juli 459 erwähnt; diefelbe muß auch den Kämpfen bei Halieis und Kekryphaleia im August und September 459 vorausgegangen fein. Demnach wird wohl mit zweifelloser Sicherheit der Anschluß Megaras an Athen in den Beginn des Jahres 459, der Bau der Schenkelmauern zwischen Megara und feinem Hafen Nifäa in den Frühling deffelben Jahres verlegt werden.

Nach der Unterwerfung Aeginas Februar 457 fand im Laufe deffelben Jahres wohl ein Kriegszug gegen Troizen statt. Die Zeit der Einnahme Troizens ist allerdings nicht über= liefert; aber Troizen erscheint später von den Athenern abhängig und die folgenden Jahre find durch andere Expeditionen der Athener ausgefüllt, während im Jahre 457 die nach Ueber=

---

*) Plut. Cim. 17: „Ἀλλ' οὐχ ὑμεῖς," εἶπεν. „ὦ Λάχαρτε τὰς Κλεωναίων καὶ Μεγαρέων πύλας κόψαντες. ἀλλὰ κατασχίσαντες εἰσεβιάσασθε μετὰ τῶν ὅπλων ἀξιοῦντες ἀνεφγέναι πάντα τοῖς μεῖζον δυναμένοις.

gabe Aeginas frei geworbene Flotte unverwendet geblieben
wäre. Im Jahre 456 fand, wie oben gezeigt, die Rundfahrt
des Tolmides statt. Im folgenden Jahre 455, während
Tolmides die Messenier nach Naupaktos bringt, machen die
Athener unter Myronides einen Feldzug nach Thessalien. Dieser
Feldzug, der die Wiebereinsetzung des Athen befreundeten
Fürsten Orestes*), sowie Rache für den Verrat der thessalischen
Edelleute bei Tanagra bezweckt, wird von Diodor noch in das
Jahr des Mnesitheides 457/56 verlegt. Auf diese Zeit=
bestimmung ist nichts zu geben, da Diodor unter diesem Jahre
d. m Ephoros folgend die Thaten des Myronides in ähnlicher
Weise zusammenfaßt, wie unter Abeimantos die Schicksale des
Pausanias, unter Praxiergos diejenigen des Themistokles, unter
Demotion die Thaten Kimons, unter Lysikrates später die des
Perikles. Aus Diodors Darstellung folgt demnach höchstens,
daß die erste hier erwähnte That des Myronides, die Schlacht
bei Oinophyta, in dieses Jahr (Herbst 458 bis Herbst 457)
fällt. Der Kriegszug nach Thessalien muß erst in das Jahr
455 und nicht, wie man lieber annehmen möchte, schon in das
Jahr 456 fallen, da μετὰ ταῦτα οὐ πολλῷ ὕςτερον
(Thuc. I. 111), der Seefeldzug des Perikles nach Sikyon,
Achaja und Akarnanien erfolgt, der in das Jahr 454 gehört.
Diese letztere Zeitbestimmung ergiebt sich mit Sicherheit daraus,
daß nach diesem Zuge des Perikles διαλιπόντων ἐτῶν τριῶν
der fünfjährige Waffenstillstand mit den Peloponnesiern abge=
schlossen wird, der im Herbst 451 seinen Anfang nehmen
mußte, wenn er, wie sich später zeigt, im Herbst 446 ablief.
Die chronologische Quelle Diodors verlegt den Zug des Perikles
in das Jahr des Sofistrates 455/54. Da Perikles wohl im
Frühjahr aussegelte, noch ehe die Kunde von der Katastrophe
in Aegypten eingetroffen war, so stimmt die Angabe mit der
Zeitbestimmung des Thukydides überein**). Während des Feld=

---

*) Derselbe wird in dem diesem Zuge vorhergehenden Jahr 456
vertrieben worden sein. Die Athener werden nach Unterwerfung der
Lokrer und Phokier von dem verbündeten thessalischen Fürsten Bestrafung
der Schuldigen gefordert haben, die Gewährung des Verlangens aber
mag Unruhen erzeugt haben, in denen schließlich der Abel die Oberhand behielt.

**) Nach Ephoros hätte der Feldzug zwischen Herbst 455 und Herbst
454 unter Ariston erzählt werden müssen; er wird aber in das folgende
Jahr des Lysikrates (XI. 88) verlegt; diese Verschiebung ist vielleicht
dadurch entstanden, daß in das Jahr des Ariston bei Diodor der Abschluß
des Waffenstillstandes mit den Peloponnesiern fällt.

zuges des Perikles steht Tolmides mit einem Heer in Böotien (Diod. XI. 85), um nach dem im letzten Jahr erlittenen Mißerfolg der athenischen Waffen in Thessalien den Abfall der böotischen Städte zu verhüten.

Mit dem Jahre 454 hören die kriegerischen Unternehmungen gegen den Peloponnes auf. In die beiden Jahre 453 und 452 bis zum Abschluß des Waffenstillstandes fällt die Aussendung von Kleruchen nach Euböa und Naxos unter Tolmides, nach dem Chersones unter Perikles. Offenbar schwebten zu dieser Zeit schon Friedensverhandlungen mit Sparta. Der Abschluß des Waffenstillstandes zwischen Athen und Sparta erfolgte im Herbst 451, wohl gleichzeitig mit dem Zustandekommen eines dreißigjährigen Friedens zwischen Sparta und Argos, der im Herbst 421 abläuft (Thuc. V. 14). Der Waffenstillstand zwischen Athen und Sparta ward durch Kimon vermittelt. Wann war Kimon verbannt worden und wann war er aus der Verbannung zurückgekehrt? Kimons Verbannung schwankt zwischen 462 (Krüger S. 255), 460 (Sintesis ad Plut. Pericl. p. 107), 459 (Duncker 8. 267, Curtius 2. 148), 458 (Müller zu Aeschyl. Eumen. p. 118) und in ähnlicher Weise gehen natürlich die Ansichten über die Zeit seiner Rückberufung auseinander. Denn über die Dauer von Kimons Verbannung sind wir durch Theopomp unterrichtet. Müller frag. 92: οὐδέπω δὲ πέντε ἐτῶν παρεληλυθότων, πολέμου συστάντος πρὸς Λακεδαιμονίους, ὁ δῆμος μετεπέμψατο τὸν Κίμωνα νομίζων διὰ τὴν προξενίαν ταχίστην ἂν αὐτὸν εἰρήνην ποιήσασθαι. Ὁ δὲ παραγενόμενος τῇ πόλει τὸν πόλεμον κατέλυσεν. Darnach ward Kimon vor Ablauf des fünften Jahres zurückberufen, und wenn Nepos Cim. 3 sagt: post annum quintum -- in patriam revocatus est, so hat er Theopomps Angabe ungenau wiedergegeben*). Ueber das Jahr von Kimons Zurückberufung giebt uns nun allerdings Plutarch Auskunft — aber eine falsche. Nach Plutarch nämlich wird Kimon vor dem Sommer, welcher der Schlacht bei Tanagra folgte, zurückberufen. Plut. Cim. 17: νενικημένοι γὰρ ἐν Ταναγρᾳ μάχῃ μεγάλῃ καὶ προςδοκῶντες εἰς ὥραν ἔτους στρατιὰν Πελοποννησίων ἐπ᾽ αὐτοὺς ἐκάλουν ἐκ τῆς φυγῆς τὸν Κίμωνα**). Dies ist nicht möglich,

---

*) Dies gegen Duncker, der Kimons Rückberufung 454, seine Verbannung Frühling 459 ansetzte.
**) cf. Plut. Pericl. 10.

denn 5 Jahre vor der Schlacht bei Tanagra (Spätsommer 458) lag Kimon noch vor Thasos. Diese Insel unterwarf sich erst 462; in der zweiten Hälfte dieses Jahres schwebte gegen Kimon die Anklage wegen des unterlassenen Angriffs auf Makedonien und zwischen dieser Anklage und seiner Verbannung muß noch mindestens ein Jahr liegen, in dem der Hülfszug nach Ithome stattfand. Plutarch hat also die Motivirung Theopomps, daß man in Athen Frieden mit den Spartanern wünschte, dahin mißverstanden, daß die Rückberufung nach der Niederlage bei Tanagra erfolgte*). Ebenso unrichtig und auf Mißverständnis Theopomps (nämlich der Worte: ὁ δὲ παραγενόμενος τῇ πόλει τὸν πόλεμον κατέλυσεν) beruhend ist Plutarchs Angabe, daß Kimon gleich nach seiner Rückkehr den Frieden mit Sparta vermittelt habe (εὐθὺς μὲν οὖν ὁ Κίμων κατελθὼν ἔλυσε). Der fünfjährige Waffenstillstand ward im Herbst 451 abgeschlossen; soll dies gleich nach Kimons Rückkehr geschehen sein, so mußte Kimon 5 Jahre vorher, also 456 verbannt worden sein, während er sich 458 zur Zeit der Schlacht bei Tanagra schon in der Verbannung befand**). Da nach Theopomp Kimon in der Absicht zurückgerufen wurde, den Frieden mit Sparta zu vermitteln, so kann seine Rückberufung nicht früher erfolgt sein, als die Feldzüge gegen die Peloponnesier aufgehört hatten. Denn so lange die Feindseligkeiten gegen Sparta noch andauerten, konnten sich die Athener von den Bemühungen Kimons keinen Erfolg versprechen. Kimons Rückberufung liegt demnach hinter der Rundfahrt des Tolmides 456, auf welcher die Schiffswerften in Gytheion in Flammen aufgingen; sie liegt auch nach dem Feldzug des Perikles 454 gegen Spartas Verbündete, welche nur durch den Anzug eines lakedämonischen Heeres von der Belagerung befreit wurden (Diod. XI. 88). Seine Verbannung liegt vor der Schlacht bei Tanagra im Spätsommer 458; die Entscheidung durch die Scherben in der achten Pry-

---

*) Die Worte προςδοκιῶντες-ἐπ᾽ αὐτοὺς sind ein Zusatz Plutarchs, dem dabei die Einfälle der Lakedämonier zur Sommerszeit während des peloponnesischen Krieges vorschweben mochten. Es zeigt dies, mit welcher Selbstständigkeit Plutarch seinen Quellen gegenüber verfuhr. Nach diesem Beispiel wird man es wohl leichter erklärlich finden, daß ich in einem früheren Teile der Untersuchung die Erwähnung von Sestos als Einschiebsel Plutarchs getilgt habe.

**) Wir sehen davon ab, daß die zweite Angabe Plutarchs mit seiner ersten im Widerspruch steht. Zwischen Tanagra und dem Waffenstillstand liegen 7 Jahre.

tance erfolgte im März/April. Demnach kann Kimon nur im
Frühling 458 verbannt sein. Im Frühling 457 war die
Schlacht bei Tanagra schon erfolgt; vom Frühling 459 bis in
die Zeit nach dem Feldzuge des Perikles 454 sind mehr als
5 Jahre, und Kimon soll noch vor Ablauf des fünften Jahres
(οὐδέπω πέντε ἐτῶν παρεληλυθότων) zurückberufen sein.
Seine Rückkehr liegt nach dem Feldzug des Perikles, aber vor
dem Frühling 453, bis zu welchem seit Frühling 458 volle 5 Jahre
verflossen gewesen wären; sie erfolgte daher im Herbst 454 oder
im Winter 454/53, als in Athen die Kunde von dem Unglück in
Aegypten eingetroffen war. Dies war auch die einzige Zeit, in
welcher Kimons Abwesenheit in Athen vermißt werden mußte.
Hegte man vor dem Erscheinen der persischen Flotte im
Archipelagos solche Besorgnis, daß man den Bundesschatz von
Delos nach Athen verlegte, so mußte man wünschen, des Krieges
gegen Sparta und seine Bundesgenossen entledigt zu sein, um
die volle Kraft zur Abwehr der Perser verwenden zu können.
Ein gleichzeitiger Kampf gegen die Perser und die Spartaner,
die nach Überwältigung der Messenier freie Hand hatten, wäre
nach den großen Verlusten in Ägypten für Athen äußerst ge=
fährlich gewesen. Wenn daher Diodor (XI. 86) den Abschluß
des Waffenstillstandes in das Jahr 454/3 verlegt, so ist der
Irrtum dadurch entstanden, daß er in diesem Jahre die Heim=
kehr Kimons angemerkt fand, und mit dieser, wie Plutarch, den
Abschluß des Waffenstillstandes in unmittelbare zeitliche Ver=
bindung brachte.
Kimons Verbannung geht die Verfassungsreform des
Ephialtes voraus (Plut. Cim. 15); die Anträge des Ephialtes
wurden eingebracht, als Kimon sich auf einem Seefeldzug be=
fand (Plut. Cim. 15: ὡς δὲ πάλιν ἐπὶ στρατείαν ἐξέπλευσε).
Dieser Seefeldzug kann kein anderer gewesen sein, als der nach
Kypros und Ägypten. Ward Kimon erst im Frühjahr 458
verbannt, so hat er die athenische Flotte nicht blos 460 nach
Kypros, sondern auch im Juni 459 nach Ägypten geführt. Es
ist gleichgültig, ob von verschiedenen Seiten dagegen geltend
gemacht wird, daß nach der empfindlichen Niederlage, welche
Kimons Politik durch die beschimpfende Heimsendung des atti=
schen Hülfscorps von Ithome erlitten hatte, an eine Wahl
Kimons zum Feldherrn unmöglich mehr gedacht werden könne.
Die Zahlen sprechen dagegen, sie widerlegen alle solche Be=
denken und zeigen, daß Curtius mit Recht behauptete, trotz
der Niederlage, die seine Politik erlitten, sei Kimons persön=

liches Ansehen noch ungebrochen gewesen. Es ist auch längst mit mehr oder minder Entschiedenheit von ernsten Forschern*) ausgesprochen worden, daß das Expeditionscorps, welches die Athener nach Ägypten sandten, anfänglich unter dem Kommando Kimons stand. Wenn Philippi (Der Areopag und die Epheten, Berl. 1874. p. 256) vermutet, daß die Reformen des Ephialtes durchgesetzt seien, während Kimon sich in Messenien befand, und daß Theopomp mit der bloßen Bemerkung, Kimon sei während dieser Reform abwesend gewesen, sich deshalb begnügt habe, weil bei dem messenischen Zuge sein Lieblingsheld eine unvorteilhafte Rolle spielte, so ist das Stillschweigen Theopomps noch viel erklärlicher, wenn es sich um die Expedition nach Ägypten handelt, die einen so unglücklichen Ausgang nahm. An den messenischen Feldzug kann schon deshalb nicht gedacht werden, weil Kimon nach Messenien zu Land durch das Gebiet der Korinther marschierte (Plut. Cim. 17), während bei Gelegenheit der Verfassungsreform des Ephialtes von einem Seezuge die Rede ist.

Aber diese Angabe ist keineswegs die einzige, welche Kimons Feldzug nach Kypros und Ägypten beweist. Der Feldzug Kimons 450 wird durch die Worte eingeleitet (Plut. Cim. 18): ὡς ἐπ' Αἴγυπτον καὶ Κύπρον αὖθις ἐκστρατευσάμενος. In der nachfolgenden Erzählung dieses Feldzuges sind zwei Berichte durcheinandergeschoben, von denen der eine über den Feldzug 460/59, der andere über den von 450/49 handelte. Dadurch erledigen sich alle die Dunkelheiten und Widersprüche, an denen Plutarchs Erzählung leidet. Erst läßt Plutarch den Kimon die Flotte der Phöniker und Kilikier überwältigen. Dies kann auf den letzten Feldzug Kimons gehen, falls Plutarch hierüber einen der Relation des Ephoros ähnlichen Bericht vor sich hatte. Darauf soll Kimon die ägyptischen Dinge ins Auge fassen, nichts geringeres im Sinne, als den Sturz der gesamten Oberherrschaft des Königs, und zwar meistenteils deshalb, weil er erfuhr, daß Themistokles bei den Barbaren in großem Ansehn stand, weil er dem Großkönig die Führung des Heeres gegen die Hellenen zugesagt habe.**) Themistokles habe an einem Erfolg gegen Kimon verzweifelnd sich freiwillig den Tod gegeben, Kimon aber die Flotte zusammengezogen.***)

---

*) Außer Curtius von O. Müller, Kortüm, Bischer u. A.
**) Plut. Cim. ibid.
***) Plut. Cim. ibid.

Dieser ganze Teil der Erzählung stammt aus einem Bericht über den Feldzug des Jahres 460. Der letzte Teil der Erzählung gehört wieder dem Feldzug von 450/49 an, denn „das Lager der Hellenen, welches damals in Aegypten war" kann damit erklärt werden, daß eine Abteilung von 60 Schiffen 450 nach Aegypten entsandt worden war. Plutarch hat also bei Theopomp den Feldzug Kimons nach Kypros und Ägypten nicht erwähnt gefunden und hat einen Bericht aus anderer Quelle über diesen Feldzug des Jahres 460 infolge dessen auf Kimons Feldzug im Jahre 450 bezogen. Daß der oben angeführte Theil von Plutarchs Erzählung einen Bericht über den Seefeldzug des Jahres 460 zur Quelle hat, wird durch den Synchronismus mit dem Tod des Themistokles er= wiesen. Themistokles starb nach Plut. Them. 31 im Alter von 65 Jahren (πέντε πρὸς τοῖς ἑξήκοντα βεβιωκὼς ἔτη). Wäre er 449 gestorben, so müßte er 514 geboren sein. Dies ist, selbst wenn der Archon Ol. 71. 4 ein anderer Themistokles gewesen ist, unmöglich, wenn Themistokles ein Altersgenosse des Aristides gewesen sein soll (Plut. Aristid. 2), der in der Schlacht bei Marathon Stratege war.

Eine weitere Bestätigung dafür, daß Themistokles um 460 starb, bietet uns der Bericht Plutarchs über des Themistokles Ende. „Unbesorgt", sagte Plutarch, „lebte Themistokles lange Zeit in Magnesia, da der Großkönig, durch die Ereignisse im oberen Asien in Anspruch genommen, sich nicht viel um die hellenischen Angelegenheiten kümmerte" (ἐν Μαγνησίᾳ — ἐπὶ πολὺν χρόνον ἀδεῶς διῆγεν, οὐ πάνυ τι τοῖς Ἑλληνικοῖς πράγμασι βασιλέως προσέχοντος ὑπ' ἀσχολιῶν περὶ τὰς ἄνω πράξεις Them. 31). Diese Ereignisse im oberen Asien, die den Perserkönig in Anspruch nahmen, waren die Bewälti= gung des durch Ktesias überlieferten Aufstandes in Baktrien nach dem Tode des Xerxes. Vor 450 ist von solchen Auf= ständen nicht die Rede. Es ist daher auch bei dem nun fol= genden Abfall Ägyptens an den des Jahres 462 zu denken. Wenn nun Plutarch die Situation, in welcher des Themistokles Eintreten verlangt wurde, also schildert: „Als Ägypten abfiel, die Athener zur Hülfe kamen, hellenische Trieren bis nach Kypros und Kilikien hinaufsegelten und Kimon die Oberhand zur See hatte", so ist dies ein neuer Beweis, daß Kimon 460 einen Feldzug nach Kypros unternahm. Aristobemos, der gleichfalls den Tod des Themistokles zu einer Zeit vorgemerkt fand, als Kimon die athenische Flotte befehligte, läßt Themistokles vor

der Schlacht am Eurymedon sterben, indem er an diese Waffenthat Kimons dachte. Vom Eurymedon aber läßt er die Griechen
— also doch noch weiter unter Kimons Befehl — nach Kypros
und Ägypten zur Unterstützung des Aufstandes des Inaros ab-
segeln. Demnach ist wohl an der Thatsache, daß der Feldzug
des Jahres 460 unter Kimons Leitung unternommen wurde,
nicht zu zweifeln.

Themistokles starb nach den Andeutungen in der Überlieferung schon 460 und nicht erst nach der Schlacht bei Papremis Herbst 459, wie Duncker meinte. Nach der Schlacht
bei Papremis konnte der Perserkönig nicht mehr an einen Angriffskrieg gegen Griechenland denken; da suchte er ein Einverständnis mit Sparta anzubahnen, um durch einen spartanischen Einfall in Attika die athenischen Streitkräfte aus
Ägypten zum Abzug zu nötigen. Die Führerschaft in einem
Angriffskrieg gegen die Griechen zu übernehmen, war aber
Themistokles ausersehen.*)

Themistokles starb also vor der Schlacht bei Papremis,
er starb auch vor dem Frühjahr 459, in welchem Achämenes
als Feldherr von Syrien aufbrach, war dagegen im Sommer
460 noch am Leben, „als hellenische Trieren bis nach Kypros
und Kilikien hinaufsegelten" (von dem Eingreifen der Athener
in Ägypten ist hier noch nicht die Rede). Demnach endete
Themistokles Herbst 460; seine Geburt fällt in das Jahr
525 v. Chr. Wenn Kimon noch im ersten Jahr des ägyptischen
Krieges nach Athen zurückkehrte, so ist es allerdings wenig
glaublich, daß er „auf die Kunde von der Verfassungsänderung
in Athen sein Kommando im Stich gelassen haben**) sollte, aber
die Athener konnten Kimons Anwesenheit in Aegypten nach dem
Siege bei Papremis nicht mehr für nötig finden, während sie
für die im nächsten Frühjahr bevorstehenden Kämpfe mit der
äginetischen Flotte ihren erprobtesten Feldherrn gern an der
Spitze der Flotte sehen mochten. Nach Justin gewinnt es
sogar den Anschein, als ob mit Kimon ein Teil der Flotte
zurückgekehrt sei. Justin (III. 66) schildert zuerst das für die
Athener unglückliche Treffen bei Halieis: Parvae tunc tem-
poris classe in Aegyptum missa vires Atheniensibus
erant Itaque navali proelio dimicantes facile super-

---

*) Vgl. Diod. XI. 5. 8. Plut. Cim. 18. Plut. Them. 31.
**) Diesen Einwand erhebt Holzapfel S. 98.

antur. Darauf fährt Justin fort: Interjecto deinde tempore post reditum suorum aucti et classis et militum robore proelium reparant. Da Justin auf diesen Kampf die Schlacht bei Tanagra folgen läßt, so kann er damit nur den Seesieg der Athener bei Aegina gemeint haben. Nach Justins oder vielmehr des Trogus Ansicht war also ein Teil der attischen Flotte zu dieser Zeit aus Aegypten zurückgekehrt. Zur Zeit als Megabyzos 456 gegen Aegypten heranrückte, könnte die athenische Flotte in Aegypten wieder verstärkt worden sein. Trotzdem möchte ich einer solchen Hypothese nicht zustimmen. Nach Ephoros hatte der ägyptische Feldzug für die Athener einen ruhmvollen Abschluß gefunden, indem ihnen vou den Persern freier Abzug bewilligt werden muß. Wenn nun Trogus derselben Quelle folgte und dabei, wie es Diodor und Aristodemos thun, die Schlacht bei Tanagra nach dem Ausgang des ägyptischen Krieges verlegt, so findet die Darstellung eine viel leichtere Erklärung.*) Wenn man daher auch nicht an die Rückkehr eines großen Teiles der athenischen Flotte vor der Schlacht bei Aegina zu denken braucht, so kann doch Kimon mit den 50 Schiffen, die jährlich abgelöst wurden, nach Athen zurückgekehrt sein. Während Kimon sich auf dem Seefeldzug befand, kam die Reform des Ephialtes zustande. Da Kimon 460 und 459 von Athen abwesend war, so ist es zweifelhaft, in welches der beiden Jahre die Reform zu verlegen ist. Diodor (XI. 77) erwähnt sie unter dem Jahr des Phrasikleides Ol. 80. 1 = 460/59. Folgte Diodor in dieser Zeitbestimmung dem Ephoros, so fiele die Reform in das Jahr 460 (von Herbst 461 bis Herbst 460). Da wir vorhin bemerkt haben, daß die Reform des Ephialtes mit der Heimkehr Kimons nicht in ursächlichem Zusammenhang zu stehen braucht, so würde diese Zeitbestimmung bloß aus dem Grunde, daß dann Kimon erst im Jahr nach der Reform heimgekehrt wäre, keinen Bedenken unterliegen. Nichtsdestoweniger meine ich, daß die Verkürzung der Rechte des Areopags durch Ephialtes nicht im Jahre 460, sondern unmittelbar vor Kimons Heimkehr 459 erfolgte und zwar deshalb, weil die Nachricht Diodors nicht

---

*) Allerdings werden bei Justin die Athener classis et militum robore verstärkt, während bei Ephoros die Schiffe in Aegypten verloren gehen (ταύτας μὲν ἐνέπρησαν), kehren ferner nach Justin die Athener erst vor der Seeschlacht bei Aegina zurück, während bei Diodor die Rückkehr schon vor Halleis erfolgt ist.

aus Ephoros, sondern aus dem Chronographen stammt.*) Zu=
nächst spricht es gegen Ephoros als Quelle, daß die Ver=
fassungsreform des Ephialtes in keinem inhaltlichen Zusammen=
hang mit dem vorhergehenden Krieg in Aegypten steht, für den
Chronographen, daß die Notiz über die Verfassungsreform sich
am Ende des Jahresabschnitts befand. Dies sind indes nur
Aeußerlichkeiten. Was mich hauptsächlich bestimmt, diese
Nachricht dem Ephoros abzusprechen, ist der schon von Holz=
apfel mit Recht hervorgehobene Umstand, „daß Ephoros sich
um die innere Geschichte Athens nur sehr wenig kümmerte."
Holzapfel hat (S. 41 ff.) aus dem uns beschäftigenden Abschnitt
der griechischen Geschichte folgende, die innere Geschichte Athens
berührenden Ereignisse zusammengestellt:

XI. 39. Befestigung Athens.

    41. Anlage des Piräus.

    43. 3. Gesetz, daß jährlich 20 Trieren gebaut werden
sollen. Aufhebung der Metökensteuer 477/76.

    54 ff. Erste Anklage und Freisprechung des Themistokles,
seine Verbannung, seine zweite Anklage und Flucht nach Persien.

    77. 6. Ephialtes beschränkt die Macht des Areopags
und wird ermordet.

XII. 36. Erfindung des 19 jährigen Schaltcyclus durch
Meton.

    38 u. 39. Perikles wird zur Rechenschaftsablage über
seine Finanzverwaltung aufgefordert; Prozesse des Phidias und
Anaxagoras.

    45. 4. Prozeß des Perikles.

Von diesen Angaben kommen zunächst in Wegfall: Be=
festigung Athens, Anlage des Piräus, Flottengesetz des The=
mistokles, Verbannung des Themistokles und seine Flucht nach
Persien. Alle diese Angaben sind mit der äußeren Geschichte
Athens so eng verbunden, daß sie von Ephoros unmöglich
übergangen werden konnten, selbst wenn er die innere Geschichte
Athens sonst garnicht berühren wollte. Das Gleiche gilt von
der Forderung der Rechenschaftsablegung durch Perikles und
den gegen Perikles und seine Freunde angestrengten Prozessen,
welche mit der von Ephoros gegebenen Motivierung des pelo=
ponnesischen Krieges im innigsten Zusammenhang stehen. Die

---

*) Daß man bei Diodor eine weitergehende Benutzung des Chrono=
graphen annehmen muß, als Volquardsen vermutete, hatte schon Unger
erwiesen.

Erfindung des 19 jährigen Schaltcyclus durch Meton ist schon
längst durch Volquardsen dem Chronographen vindiziert worden.
Es bliebe somit einzig und allein die Reform des Ephialtes
übrig, welche Nachricht auf Ephoros zurückzuführen um so
weniger Veranlassung vorliegt, als Ephoros auch die Ver=
fassungsreform des Aristides, die politischen Parteikämpfe des
Perikles mit Kimon und dem älteren Thukydides ganz über=
gangen hat. Ephoros hätte die Reform des Ephialtes gelegentlich
der Verbannung Kimons erzählen können; aber Kimons Ver=
bannung wird an jener Stelle nicht miterwähnt, ja wir er=
fahren über dieselbe aus Diodor nicht das geringste. Unter
diesen Umständen entscheide ich mich, den Chronographen als
Quelle dieser Nachricht anzusehen und demgemäß die Reform
des Ephialtes in die erste Hälfte desselben Jahres 459 zu ver=
legen, in dessen Ausgang Kimon aus Aegypten zurückkehrte.
Die Eumeniden des Aeschylos sind dann in frischer Erinnerung
an diese Reform an den Dionysien im Frühling 458 auf=
geführt worden; sie sind also nicht, wie O. Müller meinte,
ein Tendenzstück, bestimmt, den noch schwebenden Streit der
Parteien zu Gunsten des bedrohten Areopags zu entscheiden,
sondern „sie sind der versöhnende Abschluß der leidenschaftlichen
Parteikämpfe des letzten Jahres. Aeschylos bot seine Kunst
auf, um den Areopag in der vollen Glorie alter Sage seinen
Mitbürgern vor Augen zu stellen, damit er auch bei ver=
minderten Ehren als ein Heiligtum der Stadt erscheine und
von weiteren Angriffen verschont bleibe" (Curtius II. 148).
462 war Thasos gefallen und darauf hatte sich Kimon
wegen des unterlassenen Angriffs auf Makedonien zu recht=
fertigen; 460 segelte Kimon nach Kypros: demnach kann nur
ein Hülfszug der Athener nach Messenien stattgefunden haben
und zwar im Jahre 461. Der zweimalige Hülfszug der
Athener bei Plutarch ist daher ein Irrtum dieses Schrift=
stellers, wahrscheinlich durch Mißverständnis von Aristoph.
Lysistr. 1138 hervorgerufen (s. Grote III. 246 Anm.).
In unmittelbarem Anschluß an den Waffenstillstand im
Herbst 451 erzählt Thukydides (I. 112) Kimons Expedition
nach Kypros. Dieselbe muß daher in das Jahr 450 gehören.
Diodor verlegt den Feldzug in die beiden Jahre des Euthy=
demos (d. h. Euthynos C. I. A. IV Nr. 22 a) = 450/59 und
des Pedinos = 449/48. Da Diodor hierbei dem Ephoros
folgt, so fällt der Feldzug zwischen Herbst 451 und Herbst 449.
Die Verteilung auf 2 Jahre beruht also darauf, daß Kimon

im Frühling 450 ausfegelte, die athenische Flotte aber erst nach dem Herbste 450, wahrscheinlich im Frühjahr 449 nach Athen heimkehrte. Der Tod Kimons und die Schlacht bei Salamis fallen also in den Winter 450/49. In der Chronologie der nun folgenden Zeit herrscht bei Diodor eine vollständige Verwirrung. Volquardsen vermutete, daß Ephoros diese Kämpfe nicht nach der Zeitfolge erzählte, nach welcher zuerst Böotien abfiel, sondern zuerst den Einfall der Lakedämonier und den damit zusammenhängenden Abfall der Megarer, dann die Begebenheiten in Böotien und Euböa; Diodor habe dann diese Kämpfe willkürlich auf 3 Jahre verteilt. Mochte es auch wenig angemessen erscheinen, einem Historiker wie Ephoros zuzutrauen, daß er den Zusammenhang der Ereignisse soweit vernachlässigt habe, daß er die Schlacht bei Koronea dem Abfall von Megara nachfolgen ließ, während doch dieser Abfall mit eine Folge dieser Schlacht war, so ließ sich doch die Möglichkeit von Volquardsen's Auffassung zugeben, so lange es noch nicht feststand, daß Ephoros ein bestimmtes chronologisches System befolgte. Nachdem aber letzteres durch Unger erwiesen ist, mußte man sich die Frage vorlegen, auf welche Weise Diodor dazu kam, den Abfall Megaras in das Jahr 448/47 zu verlegen. Wir werden weiterhin zeigen, daß Ephoros diese Kämpfe wahrscheinlich in der richtigen Reihenfolge erzählte, daß diese aber durch Diodor wegen der Angaben des Chronographen geändert worden ist. Zuvor ist es jedoch nötig, die einzelnen Ereignisse mit Hülfe des Thukydides zu datieren, dessen Angaben für diese Zeit ausreichende Sicherheit gewähren.

Über 14 Jahre waren seit Bestehen des 30 jährigen Friedens bis zum Ausbruch des peloponnesischen Krieges verflossen (Thuc. II. 2). Der peloponnesische Krieg begann mit dem dem Überfall Platäas durch die Thebaner im Frühlingsanfang 431 (Thuc. ibid.). Demnach fällt der Abschluß des 30 jährigen Friedens schon in den Anfang des Jahres 445. Pausanias, der die auf eine eherne Säule eingegrabene Urkunde dieses Friedens zu Olympia gelesen hatte, stimmt darin überein. Er sagt nämlich (V. 23. 4): ταύτας (συνθήκας) ἐποιήσαντο Ἀθηναῖοι παραστησάμενοι τὸ δεύτερον Εὐβοιαν ἔτει τρίτῳ τῆς + + ὀλυμπιάδος, ἣν Κρίσων Ἱμεραῖος ἐνίκα στάδιον. Es ist dies das 3. Jahr der 83. Olympiade (Diod. XII. 5), also das Jahr des Kallimachos 446/5.*) Diodor

*) Wenn Duncker Ol. 83. 3. = 445/44 setzt, so ist das ein Irrtum; das 1. Jahr der 83. Olympiade ist 448/47.

XII. 7 ſetzt dieſen Frieden richtig in das Jahr des Kalli=
machos 446/45; doch entſpricht die Datierung nicht der Zeit=
rechnung des Ephoros. Der Friedensſchluß mit Sparta folgt
bald (οὐ πολλῷ ὕστερον Thuc. I. 115) nach der Unter=
werfung Euböas und der Vertreibung der Heſtiäer; wir
ſetzen demnach beides in den Winter 446/5. Diodor ſcheint
des Perikles Feldzug gegen Euböa zweimal zu erwähnen, zu=
nächſt XII. 7 unter Kallimachos 446 5, ſodann XII. 22 im
folgenden Jahr unter Lyſimachides. Volquardſen hat daraus
geſchloſſen, daß der zweite Bericht auf den Chronographen zu=
rückgeht. Wäre der Feldzug des Perikles wirklich zweimal
erwähnt, ſo würde ich eher vermuten, daß nicht der zweite,
ſondern der erſte Bericht auf den Chronographen zurückginge.
Der Chronograph würde die Unterwerfung Euböas ebenſo
richtig unter dem Jahre des Kallimachos 446/45 erzählt
haben, wie Ephoros dieſen Feldzug unter Lyſimachides 445/44
(d. h. Herbſt 446 bis Herbſt 445) anſetzen mußte. Indeſſen
hat Diodor die Niederwerfung Euböas garnicht zweimal erzählt.
Unter Kallimachos erzählt er die Unterwerfung Euböas und
die Vertreibung der Heſtiäer. Unter Lyſimachides 445 4 erzählt
er die Ausſendung von 1000 Kleruchen nach vollendeter Unter=
werfung von Euböa und nach vorheriger Vertreibung der
Heſtiäer (τὴν Εὔβοιαν ἀναχτησάμενοι καὶ τοὺς Ἑστιαεῖς
ἐκ τῆς πόλεως ἐκβαλάντες). Thukydides erzählt vor dem
Friedensſchluß nur, daß die Athener die Heſtiäer vertrieben
und das Land für ſich in Beſitz nahmen (Ἑστιαιᾶς δὲ ἐξοι-
κίσαντες αὐτοὶ τὴν γῆν ἔσχον). Die Ausſendung der Kle=
ruchen wird in der That nicht im Winter, ſondern erſt in dem
der Vertreibung der Heſtiäer folgenden Sommer d. h. nach
dem Friedensſchluß erfolgt ſein. Thukydides hat dieſe Kle=
ruchenausſendung nach dem Friedensſchluß dann ebenſo un=
erwähnt gelaſſen, wie die nach Naxos, dem Cherſones, Andros
u. ſ. w. Aus dieſen Gründen ſchließe ich mich Volquardſen's An=
ſicht an, daß der zweite Bericht aus dem Chronographen ſtammt.
    Gegen Euböa hatte ſich Perikles ſofort (εὐϑὺς Plut.
Pericl. 23) nach dem Abzug der Spartaner gewandt. Der
Einfall der Spartaner liegt demnach unmittelbar vorher; er
hatte nur kurze Zeit gedauert, wird auch erſt nach Ablauf des
5 jährigen Waffenſtillſtandes unternommen worden ſein: dem=
nach erfolgte er wahrſcheinlich Ende September, endete viel=
leicht ſchon nach Mitte Oktober. Der Abfall Megaras erfolgte
zu der Zeit, als Perikles ſich zur Bekämpfung des Aufſtandes

auf Euböa befand. Auf die Nachricht von der Niedermetzelung der attischen Besatzung durch die Megarer kehrt Perikles eilig (κατὰ τάχος) mit einem Teil seiner Truppen (ἐκόμιζε impf.) zurück. Die Verwüstung Megaras liegt demnach vor dem Einfall der Peloponnesier, wie Diodor XII. 5 richtig bemerkt hat. Duncker (9. 69) hatte ohne Grund diese Zeitfolge geändert. Das impf. ἐκόμιζε zeigt, daß Perikles noch nicht alle Truppen aus Euböa zurückgezogen hatte, als schon der spartanische König, wahrscheinlich durch Perikles bestochen, sich zurückzog. Wir setzen daher die Bestrafung der Megarer unmittelbar vor den spartanischen Einfall um Mitte September, ihren Aufstand Anfang September, den Abfall Euböas in den Sommer 446. Diodor XII. 6 verlegt den Einfall der Spartaner in das Jahr des Timarchides 447/46, den Abfall Megaras in das vorhergehende des Philiskos 448/47. Die Erzählung stammt aus Ephoros, die Verteilung des Abfalls der Megarer und des Einfalls der Spartaner auf 2 Jahre beruht darauf, daß wie oben gezeigt, zwischen beiden die Herbstnachtgleiche eintrat. Die Zeitbestimmungen sind nach Zeitrechnung des Ephoros um 2 Jahre zu früh; z. B. ist der Einfall der Spartaner statt Herbst 446 unter Timarchides Herbst 448 (—Herbst 447) angegeben.

Der Abfall Euböas tritt nicht lange (οὐ πολλῷ ὕστερον Thuc.) nach der Verzichtleistung Athens auf Böotien ein. Derselben gehen Verhandlungen wegen Rückgabe der bei Koronea gefangenen Athener voraus. Die Schlacht bei Koronea wird jedenfalls in demselben Jahr geschlagen, in welchem böotische Flüchtlinge sich der Städte Orchomenos und Chäronea bemächtigten. Die Athener konnten eine Festsetzung der Verbannten in diesen Orten nicht zugeben, ohne ihre Vormacht in Böotien ernstlich zu gefährden. Zu dem Zuge nach Böotien hatten die Athener ihre Bundesgenossen aufgeboten (ἐστράτευσαν ἑαυτῶν μὲν χιλίοις ὁπλίταις, τῶν δὲ ξυμμάχων ὡς ἑκάστοις Thuc. I. 113); sie hatten vor der Schlacht Chäronea genommen und wurden auf der Heimkehr bei Koronea überfallen. Demnach wird die Heimkehr der böotischen Verbannten in den Frühling, die Schlacht bei Koronea in den Spätsommer 447 fallen. Diodor XII. 6 hat die Schlacht bei Koronea unter 447/6 angeführt.

Vor dem Beginn der Ereignisse in Böotien liegt der sogen. heilige Krieg der Spartaner gegen die Phoker, welche sich des delphischen Orakels bemächtigt hatten, sowie der Gegenzug der Athener, welche unmittelbar nach Abzug der Spartaner

(εὐθὺς ἐκείνων ἀπαλλαγέντων Plut. Pericl. 21) den Pho=
ktern das Heiligtum zurückgaben. Beide Feldzüge liegen dem=
nach in demselben Jahre. Der Feldzug der Spartaner liegt
nach der Heimkehr der athenischen Flotte von Kypros 449;
eine Zeitlang nach dem Gegenzug der Athener (χρόνου ἐγγενο-
μένου μετὰ ταῦτα) folgt die Rückkehr der böotischen Verbann=
ten 447. Demnach können die beiden fraglichen Feldzüge nur
in das Jahr 448 fallen. Der Feldzug der Spartaner nach
Phokis ist bei Diodor nicht erwähnt. Duncker (9. 69 Anmerkg.)
meint nun, die Störung der richtigen Zeitfolge bei Diodor sei
dadurch veranlaßt, daß er statt des Zuges der Lakedämonier
gegen Phokis den Aufstand der Megarer in das Jahr des
Philiskos 448/7 gesetzt habe. Wie eine solche Verwechslung
zweier ganz verschiedener Ereignisse möglich sein sollte, ist mir
unerfindlich. Erklärlicher hätte ich es noch gefunden, wenn
Diodor den Feldzug der Spartaner nach Phokis mit ihrem
Einfall in Attika verwechselt hätte. Dies ist aber nicht ge=
schehen. Während Spartas Feldzug gegen die Phoker im
Frühling oder Sommer 448 stattgefunden hatte, erzählt Diodor
den spartanischen Einfall in Attika 447/6, d. h. von Herbst
448 bis Herbst 447. Also die Verwechslung, an welche Duncker
glaubt, halte ich für ausgeschlossen. Es ist auffallend, daß
alle diejenigen Ereignisse, welche bei Diodor aus der richtigen
Reihenfolge gerückt sind, attische Kalenberrechnung voraussetzen.
Die Schlacht bei Koronea wird unter Timarchides 447/6, der
Abfall Euböas und der 30 jährige Friede unter Kallimachos
446/5 erzählt, während doch Ephoros z. B. den Friedensschluß
unter Lysimachides hätte anführen müssen. Daß diese Datie=
rungen — die Darstellung stammt natürlich aus Ephoros —
nicht auf Ephoros zurückgehen, beweist der Umstand, daß der
Abfall Euböas im Sommer 446 und der Friedensschluß im
Anfang 445 nicht durch einen Jahresabschnitt getrennt sind,
während beim Einfall der Spartaner und dem davon nicht zu
trennenden Aufstand Megaras, die nicht attische Berechnung
zeigen, dies der Fall ist. Ich kann mir dies nur dadurch er=
klären, daß Ephoros die Ereignisse in richtiger Zeitfolge erzählte,
aber vielleicht nur beim Friedensschluß den Namen des attischen
Archonten angab, während in der chronologischen Quelle auch
andre Ereignisse mit den attischen Archontennamen angeführt
waren. Ephoros hatte die ganzen dem Friedensschluß 445
vorausgehenden Ereignisse von der Schlacht bei Koronea an in
zusammenhängender Darstellung geschildert. Er hatte nach seiner

7

Manier den Anfangspunkt, die Schlacht bei Koronea, chronologisch etwa dadurch bestimmt, daß er sie in das zweite Jahr
nach dem, in welchem Kimon starb, verlegte. Diodor fand
diese Zeitbestimmung, nach welcher er diese Schlacht unter
Timarchides verlegen mußte, durch den Chronographen bestätigt.
Auch der Name des Archonten, unter dem der 30 jährige Friede
abgeschlossen ward, war beim Chronographen derselbe, wie bei
Ephoros. Nun aber schrieb Ephoros im weitern Verlauf der
Erzählung etwa, daß die Lakedämonier nach Ablauf des 5 jährigen Waffenstillstandes einen Einfall in Attika machten. Diodor
aber hatte den Abschluß des 5 jährigen Waffenstillstandes fälsch-
lich in das Jahr 454/3 verlegt. Demgemäß hätte er den
Einfall der Spartaner im Beginn des sechsten Jahres unter
448/7, den Abfall Megaras unter 449/8 erzählen müssen.
Dies ging nun nicht an, da er unter 449/8 noch den Feldzug
Kimons erzählt hatte; er half sich also in der Weise, daß er
den Abfall der Megarer in das nächste Jahr, welches frei war,
d. h. in das Jahr 448/7 verlegte, den Einfall der Spartaner
in das folgende Jahr 447/6. Wenn nun auch Diodor bei
Ephoros die Schlacht bei Koronea vor dem Abfall Megaras
erwähnt fand, so hinderte ihn doch die Zeitbestimmung des
Ephoros, wie des Chronographen, sie in das Jahr, in welchem
Kimon noch lebte, zu verlegen: kein Wunder also, daß es Diodor als die einfachste Lösung der Schwierigkeit erschien, die
richtige Zeitfolge der Begebenheiten bei Ephoros sei gestört und,
wie im Jahr 458 der Feldzug des Nikomedes, so habe auch
447 erst der Einfall der Spartaner in Attika den Böotern den
Mut gegeben, sich zu einem Bund zu vereinigen (XII. 6. τῶν
Βοιωτῶν συστραφέντων) und den Athenern bei Koronea entgegenzutreten.

IV.

Der Krieg zwischen Samos und Milet wegen Prienes
entbrannte nach Thukydides (I. 115) im sechsten Jahr des
30 jährigen Friedens. Da derselbe im Anfang des Jahres 445
abgeschlossen wurde, so fällt demnach dieser Krieg in das Frühjahr 440. Die bedrängten Milesier rufen mit Erfolg Athens
Intervention an. Ohne Widerstand zu finden, führt Perikles
auf Samos eine demokratische Verfassung ein und kehrt nach
wenigen Tagen nach Athen zurück (Diod. XII. 27). Auf
die Kunde von dem offnen Abfall der Samier geht

Perikles mit 60 Schiffen ab und besiegt die Samier bei Tragia, worauf Samos eingeschlossen wird. Da von den fünf bei Thukydides genannten neuen Feldherrn, die hernach Verstärkungen gegen Samos heranführen, keiner unter den von Schol. ad. Aristid. 3. pag. 485 Dind. für das erste Jahr des Krieges namentlich aufgeführten 8 Strategen vorkommt, so liegt die Schlacht bei Tragia kurz vor Beginn des attischen Jahres 440/39. Die Uebergabe von Samos im neunten Monat der Belagerung erfolgte demnach im Frühjahr 439. Diese Zeitbestimmungen finden ihre Bestätigung durch die Scholien zu den Wespen Aristoph. 283: τὰ περὶ Σάμον ἰθ᾽ ἔτει πρότερον ἐπὶ Τιμοκλέους γέγονε καὶ ἐπὶ τοῦ ἑξῆς Δορυχίδου. Timokles war Archon des Jahres 441/40 und statt Dorychides ist Morychides zu lesen, welcher Archon des folgenden Jahres 440/39 war. Infolge der richtigen Zeitbestimmung für den 30jährigen Frieden ist auch der Beginn des samischen Krieges bei Diodor unter das richtige attische Jahr 441/40 gekommen; daß Diodor den Krieg auch in diesem Jahre beendet werden läßt, entspricht seiner sonstigen Gepflogenheit.

Bei den nun folgenden Streitigkeiten zwischen Korinth und Korkyra, sowie beim Abfall Potidäas hat Thukydides angegeben, wie weit sie vor dem Beginn des peloponnesischen Krieges zurückliegen.

Platää wird im Anfange des Frühlings, in der Nacht vom 1. zum 2. April 431 überfallen (s. Unger attischen Kalender S. 11). Dies geschah im 6. Monat nach der Schlacht bei Potidäa (Thuc. II. 1); demnach wird die Schlacht bei Potidäa und die Einschließung dieser Stadt um Mitte Oktober 432 erfolgt sein.

Ein Jahr vorher war die Seeschlacht bei Sybota geschlagen worden. Das Jahr des Archonten Apseudes 433/32 begann nach Böckh am 24. Juli 433. Am 13. Tage der ersten Prytanie (C. J. A. 1. 179) erfolgte die Zahlung für das erste Geschwader, welches die Athener vor der Schlacht unter Kimons Sohn Lakedämonios, den Korkyräern zu Hülfe sandten, am letzten Tag derselben Prytanie (s. Duncker 9 321), am 26. August die Zahlung für das zweite Geschwader, welches nach Thukydides am Abend der Schlacht bei Sybota eintraf. Diese Schlacht muß demnach Anfang September 433 geliefert sein. Gleich nach dieser Schlacht (Thuc. I. 57 εὐθὺς μετὰ τὴν ἐν Κερκύρᾳ ναυμαχίαν) hatte Athen an

Potidäa die Forderung gestellt, die Mauern niederzureißen und Geiseln zu stellen. Die Potidäaten hatten deshalb Vor=stellungen in Athen gemacht, aber nach langen Verhandlungen (ἐκπολλοῦ πράσσοντες) nichts erreicht. Auf die Nachricht von der bevorstehenden Ankunft einer attischen Flotte brach dann der Aufstand auf Chalkidike im Frühling 432 aus. Die Absendung der 10 Schiffe unter Lakedämonios erfolgte kurz (οὐ πολλῷ ὕστερον Thuc. I. 45) nach Abschluß des Bündnisses zwischen Athen und Korkyra; 2 Jahre vorher waren unter Rüstungen Korinths vergangen (Thuc. 1. 31); also erfolgte die Schlacht bei Leukimme, nach welcher die Rüstungen begannen, im Sommer 435. Zwischen der See=schlacht bei Leukimme und dem delphischen Orakel, durch welches die Epidamnier angewiesen wurden, in Korinth Schutz zu suchen, liegen eine Menge Begebenheiten, welche mehr als den Zeitraum eines Jahres ausfüllen. Die Korinther beschließen die Absendung von Streitern und Ansieblern zur Verstärkung der Bevölkerung von Epidamnos. Diese Mannschaften nehmen aus Furcht vor den Korkyräern den weiten Landweg durch Epirus und Illyrien nach Apollonia. Auf die Nachricht von ihrer Ankunft in Epidamnos senden die Korkyäer eine Flotte gegen die Stadt und belagern dieselbe. Boten aus Epidam=nos bitten in Korinth um Ersatz. Korinth rüstet mit größter Anstrengung und ruft alle seine Verbündeten um Beistand an. Aus Besorgnis vor diesen Rüstungen sende die Korkyräer Gesandschaften nach Sparta und Sikyon, um die Vermitt=lungen dieser Staaten in Anspruch zu nehmen. Von Abge=sandten dieser Staaten begleitet erscheinen Korkyras Gesandte in Korinth und stellen an die Korinthier die Forderung, sich einem Schiedsgericht zu unterwerfen. Korinth geht darauf nicht ein, beendet seine Rüstungen und beginnt den Krieg. Fand demnach die Seeschlacht bei Leukimme Sommer 435 statt, so wird das Orakel den Epidamniern schon im Frühjahr 436 erteilt worden sein. Nach Delphi hatten sich die Epidam=nier gewandt, als Korkyra ihnen gegen ihre verbannten Edel=leute keinen Schutz gewähren wollte; die Unruhen in Epidamnos, welche die Vertreibung der Edelleute zur Folge hatten, ent=stehen daher im Frühjahr 437. Ich kann Duncker nicht darin folgen, wenn er, um die Angaben Diodors, der den Beginn der Wirren in das Jahr 439/8 legt, zu halten, die Aus=treibung der Edelleute bis 488 hinaufrückt. Die Edelleute werden gleich nach ihrer Vertreibung sich an die Illyrier ge=

wandt und mit diesen ihre Vaterstadt bedrängt haben. Da die ganze Erzählung Diodors aus Ephoros stammt, so läge der Beginn der Unruhen, wenn die Zeitangabe genau wäre, schon im Jahre 439 (von Herbst 440 — Herbst 439). Thukydides geht vom samischen Krieg auf diese Verwicklungen folgendermaßen über: μετὰ ταῦτα δὲ ἤδη γίγνεται οὐ πολλοῖς ἔτεσιν ὕστερον τὰ προειρημένα τά τε Κερκυραϊκὰ καὶ τὰ Ποτιδαϊκά. Wenn Ephoros in gleicher Weise vom samischen Kriege aus den Beginn der Unruhen bestimmte, so lagen diese 2 Jahre nach dem Ausgang des samischen Krieges (Frühjahr 439 — Frühjahr 437). Hatte Diodor eine derartige Angabe vor sich, so ist der Fehler dadurch zu erklären, daß bei Diodor der samische Krieg schon 441/40 zu Ende ging, der Beginn der Unruhen, also 2 Jahre später 439/8 angesetzt wurde. Da Ephoros den Beginn einer Erzählung chronologisch zu fixieren pflegte, so schreibe ich obiger Erklärung ziemliche Evidenz zu. Die Art und Weise, wie Diodor darauf den Krieg auf die einzelnen Jahre verteilt, ist ebenso willkürlich, wie beim ägyptischen Krieg. In dem ersten Jahr 439/8 werden die Ereignisse vom Beginn (437) bis zur Seeschlacht bei Leukimme (435) fortgesetzt. Im 2. Jahre 438/7 wird bloß diese Schlacht erzählt. Das dritte Jahr 437/6 nehmen Rüstungen ein; nach Thukydides dauerten diese 2 Jahre. Im vierten Jahre 436/5 folgt dann das Erscheinen der Gesandten Korkyras und Korinths in Athen und die Schlacht bei Sybota. Man sieht also, wie Diodor, so oft es ihm gut schien, ein Jahresende eintreten läßt. „Ein Jahr nach dem Ende des Krieges," wird Ephoros wieder gesagt haben, „fiel Potidäa ab." Der Aufstand Potidäas im Frühling 432 war von der Schlacht bei Sybota Anfang September 433 durch die Herbstnachtgleiche getrennt. Da Diodor die Schlacht bei Sybota schon in das Jahr 436/5 gesetzt hatte, so liegt der Abfall Potidäas bei ihm im folgenden Jahre 435/4. Plötzlich bricht Diodor mit der Einschließung Potidäas ab, wie XI. 70 mitten in der Belagerung Äginas. Ebenso wie der Krieg mit den Ägineten einige Jahre später wieder von Anfang aufgenommen und zu Ende geführt wird, so werden auch hier 3 Jahre später 432/1 die Potidäaten noch einmal besiegt und uoch einmal eingeschlossen. Der Grund ist in beiden Fällen derselbe, der zweite Bericht, der in beiden Fällen das richtige attische Kalenderjahr giebt*) stammt hier wie dort aus dem Chrono-

*) Ephoros hätte die Schlacht bei Potidäa im Oktober 432 unter Euthynos 431/30 erzählen müssen.

graphen, der auch beidemal den Namen des attischen Strategen
überliefert. In beiden Fällen hat auch Diodor die einmal an=
gefangene Erzählung stehen lassen, obwohl ihm sein Irrtum
nicht unbekannt sein konnte. Denn es ist unzweifelhaft, daß
Ephoros an die Belagerung Potidäas den peloponnesischen Krieg
unmittelbar angeschlossen hat, während bei Diodor beide Teile
der Erzählung durch einen dreijährigen Zwischenraum ge=
trennt sind.

In die Zeit von 445—431 fällt noch die Ausführung
großartiger zum Schmucke, wie zum Schutze Athens bestimmter
Bauten, deren Inangriffnahme teilweise schon vor dieser Zeit
zurückliegt. Die Mittel zu diesen Bauten verschaffte Perikles
den Athenern dadurch, daß er sie bewog, den Bundesschatz, sowie
die jährlich eingehenden Bundessteuern als ihr Eigentum anzu=
sehen, über dessen Verwendung sie keine Rechenschaft schuldig
seien, so lange sie der übernommenen Verpflichtung, den Bun=
desgenossen Schutz gegen die Perser zu gewähren, pünktlich
nachkämen. Diese Politik konnte erst dann vollständig zur Durch=
führung gelangen, als der heftigste Widersacher derselben, Thu=
kydides, des Melesias Sohn, aus Athen verbannt war. Über
die Zeit dieser Verbannung giebt Plutarch (Pericl. 16) Aus=
kunft: τεσσαράκοντα μὲν ἔτη πρωτεύων ἐν Ἐφιάλταις καὶ
Λεωκράταις καὶ Μυρωνίδαις καὶ Κίμωσι καὶ Τολμίδαις καὶ
Θουκιδίδαις, μετὰ δὲ τὴν Θουκυδίδου κατάλυσιν καὶ τὸν
ὀστρακισμὸν, οὐκ ἐλάττω τῶν πεντεκαίδεκα ἐτῶν διηνεκῆ
καὶ μίαν οὖσαν ἐν ταῖς ἐναυσίοις στρατηγίαις ἀρχὴν καὶ
δυναστείαν κτησάμενος. Nun war Perikles 430 allerdings
nicht Stratege; aber er wurde vor seinem Tode wieder zum
Strategen gewählt, und die historische Ungenauigkeit Plutarchs
kommt um so weniger in Betracht, als auch bei der andern
Zeitbestimmung der Ausdruck πρωτεύων kaum auf die nächsten
Jahre nach dem ersten Auftreten des Perikles paßt. Der ganze
Zusammenhang der Stelle zeigt offenbar, daß die 15 Jahre
nach des Thukydides Verbannung in jene ersten 40 Jahre ein=
zuschließen sind, daß sie wie diese von des Perikles Tode an
zurückgerechnet und von inklusiver Zählung verstanden werden
müssen. Perikles starb im Jahre des Epameinon 429/8.
15 Jahre von da zurück führen bei inklusiver Zählung in das
Jahr des Lysanias 443/42. Fand nun das Ostrakismos=
verfahren in der achten Prytanie statt, so ward Thukydides im
Frühjahr 442 verbannt. Die Notwendigkeit der inklusiven
Zählung der 15 Jahre ergiebt sich, abgesehen von der Analogie

ber 40 Jahre, noch aus einer andern Thatsache. Das Ostra=
kismusverfahren trat kurz nach*) der Weissagung des Lampon
ein, daß von den beiden Dynastieen in der Stadt, der des
Thukydides und des Perikles, die Gewalt auf eine übergehen
werde. Lampon aber befand sich im Frühling des vorher=
gehenden Jahres 443 zu Thurii, welche Kolonie nach
Diodor**) unter Leitung des Lampon und Tenokritos gegründet
wurde.

Daß Diodor 12. 10 die Gründung von Thurii in das
Jahr des Kallimachos verlegt, hat bei der chronologischen Un=
zuverlässigkeit dieses Schriftstellers wenig zu bedeuten gegenüber
der bestimmten Behauptung des Dionys***), der diese Gründung
12 Jahre vor Beginn des peloponnesischen Krieges, d. h. vor
dem Überfall Platäa's im Frühlingsanfang 431, mithin für
Frühling 443 ansetzt, und gegenüber der damit übereinstimmen=
den Zeitangabe in den Vitt. dec. oratt. Lysias, welche
die Gründung von Thurii in das Jahr des Praxiteles 444/3
verlegt. Auf keinen Fall ist aus der anders lautenden Zeit=
bestimmung Diodors mit Curtius (II. 229) auf eine zwei=
malige Ansiedlung von Athen aus in den Jahren 446 und 443
zu schließen.

Anhang.

Zwei Nachrichten aus dem Leben des Perikles bieten hinsichtlich ihrer Zeitbestimmung die größten Schwierigkeiten. Des Perikles Fahrt nach dem Pontos und die Berufung eines panhellenischen Kongresses nach Athen. Bei beiden Thatsachen sind wir lediglich auf den Bericht Plutarchs allein angewiesen, welcher sich in beiden Fällen für die chronologische Einreihung als ungenügend erweist, da er nur ganz allgemeine Andeutungen über die Zeitumstände giebt. Es ist leicht erklärlich, daß man unter solchen Umständen entweder gänzlich darauf Verzicht leistete, die Zeit für beide Ereignisse zu ermitteln, oder daß man, falls dieser Versuch wirklich gemacht wurde, dabei zu gänzlich verschiedenen Resultaten kam. Des Perikles Fahrt nach dem Pontos ist für die Geschichte der Pentakontaëtie von geringerer Bedeutung und hat das Interesse der Geschichtsforscher nicht in eben dem Maße zu erregen vermocht, wie jener Versuch, unter Athens Ägide eine panhellenische Vereinigung zu stande zu bringen. Während daher nur Dunker der Pontosfahrt des Perikles größere Aufmerksamkeit geschenkt und in einer besonderen Abhandlung*) dieselbe für das Jahr 444 zu bestimmen gesucht hat, in den übrigen Geschichtswerken dagegen einfach die Thatsache der Fahrt registriert wird, haben jene panhellenischen Bestrebungen des Perikles schon wiederholt zu eingehenderen Untersuchungen geführt, ohne daß man dabei zu einem übereinstimmenden Ergebnis gekommen wäre. So nimmt Schmidt für die Verhandlungen über das Zusammenkommen des Kongresses in Athen das Jahr 460, Oncken 448, Duncker 444 an; Curtius läßt es unentschieden, ob sie sich dem 30 jährigen Frieden oder dem durch Kimon vermittelten

---

*) Des Perikles Fahrt in den Pontos. Sitzungsber. Berl. Akad. 1885 S. 584 ff.

Waffenſtillſtand anſchloſſen. Da es zu weit führen würde, die Gründe und Gegengründe, welche für oder wider die einzelnen Anſichten vorgebracht ſind, einzeln zu erörtern, ſo wollen wir gleich das Reſultat der nachherigen Unterſuchung vorwegnehmen und mit der Beweisführung eine Kritik der gegenteiligen An= ſichten verbinden.

Als Ergebnis der Prüfung der Überlieferung und der Zeitumſtände wird ſich nun ergeben, daß die Pontosfahrt in das Jahr 449 gehört, die panhelleniſchen Entwürfe in das folgende Jahr 448 fallen.

Der Grund, weswegen ſich u. a. Duncker gegen die obigen Zeitbeſtimmungen, gegen die er ſonſt nichts einzuwenden hätte, erklärt, liegt darin, daß er unmittelbar auf Kimons Tod die Geſandtſchaft des Kallias folgen läßt. So ſagt er (9. 120 Anmkg.): „Für die chronologiſche Einreihung beſitzen wir nur ſachliche Kriterien, d. h. die Zeit iſt nur nach den Konſtella= tionen zu beſtimmen, welche einen ſolchen Verſuch (d. h. die Berufung des Kongreſſes) möglich erſcheinen laſſen. Er war möglich nach der Schlacht beim kypriſchen Salamis. Aber es iſt oben erwieſen, daß dieſer die Friedensverhandlung mit Perſien folgte." Wenn wir nun zeigen, daß letzterer Beweis Duncker mißlungen iſt, daß die Friedensverhandlungen, wie Curtius (II. 169) richtig datiert, 445 erfolgten, ſo iſt auch der einzige Einwand, welchen Duncker gegen unſre Anordnung erheben kann, beſeitigt.

Die Geſandtſchaft des Kallias überbrachte nach Suſa jene Vorſchläge Athens, auf deren Baſis ein Friedenszuſtand zwiſchen Athen und Perſien eintreten ſollte. Es ſind dies jene Vor= ſchläge, welche ſpäter Anlaß zu der Sage vom kimoniſchen Frieden gaben, indem kommende Generationen nicht nur an Annahme dieſer Vorſchläge durch die Perſer glaubten, ſondern auch der Meinung waren, daß die Anerbietungen zuerſt vom Perſerkönig ausgegangen ſeien. Da man nun die Anknüpfung von Friedensunterhandlungen ſeitens der Perſer in irgend einer Weiſe motivieren mußte, ſo ſtellte man ſie als eine Folge der Siege Kimons dar, durch welche der Perſerkönig ſo gedemütigt worden ſei, daß er unter jeder Bedingung die Einſtellung der Feindſeligkeiten herbeizuführen ſuchte. Diod. XII. 4: ἔγραψε τοίνυν τοῖς περὶ Κύπρον ἡγεμόσι καὶ σατράπαις, ἐφ᾽ οἷς ἂν δύνωνται, συλλύσασθαι πρὸς τοὺς Ἕλληνας. Plut. Cim. 13: τοῦτο τὸ ἔργος οὕτως ἐταπείνωσε τὴν γνώμην τοῦ βασιλέως, ὥστε συνθέσθαι τὴν περιβόητον εἰρήνην

ἐκείνην. Nun mußte man nicht recht, in welche Zeit man
den Frieden verlegen sollte. Nach dem Siege Kimons am
Eurymedon folgte ja der ägyptische Krieg, in welchem die
Athener gegen die Perser kämpften, den Sieg beim kyprischen
Salamis aber, mit welchem der Offensivkrieg der Griechen
gegen Persien aufhörte, hatte Kimon nicht mehr erlebt.
(Thuc. I. 112). Man konnte sich daher nicht anders helfen,
als daß man entweder, wie Plutarch sich über das erste Be=
denken hinwegsetzte und den Frieden trotz des folgenden ägyp=
tischen Krieges in die Zeit nach dem Sieg am Eurymedon ver=
legte, oder wie Diodor (Ephoros) die geschichtliche Überlieferung
in der Art willkürlich umwandelte, daß man Kimon vor seinem
Tode noch einen glänzenden Sieg über die Perser erkämpfen
ließ. Daß gerade Kimon am wenigsten geneigt gewesen wäre,
einen Frieden abzuschließen, durch welchen die Griechen auf
Kypros Verzicht leisteten, zu dessen Befreiung von persischer
Herrschaft Kimon drei Feldzüge unternommen hatte, konnte jene
späteren Geschlechter wenig anfechten, die in solchen Friedens=
bedingungen, verglichen mit den im antalkibischen Frieden
erlangten, voll Selbstgefühl einen glänzenden Triumph der
griechischen Waffen erblicken mochten. Mit dieser nachgerade
allgemein verbreiteten Version von dem Zustandekommen eines
für Athen ehrenvollen Friedens mußte die schon durch Herodot
bezeugte Absendung einer athenischen Gesandtschaft unter Kallias
an den persischen Hof in irgend eine Beziehung gebracht werden.
Es geschah in der Weise, daß man folgerte, Kallias habe dem
Perserkönig die Bedingungen überbracht, unter welchen das
athenische Volk auf seine Friedensanerbietungen eingehen wolle.
Da nun aber letztere Anerbietungen eine Folge eines kimonischen
Sieges sein sollten, so wurde bei den Schriftstellern, welche
den kimonischen Frieden nach der Seeschlacht beim kyprischen
Salamis eintreten lassen, auch die Gesandtschaft des Kallias,
die erst einige Jahre später erfolgte, gleich in die Zeit
kurz vor oder nach Kimons Tod verlegt. Nicht so leicht
war eine solche Verschiebung bei den Schriftstellern möglich,
welche den kimonischen Frieden für eine Folge des Sieges
Kimons am Eurymedon hielten. In diesem Falle hätte
die Gesandtschaft des Kallias nicht um wenige, sondern um 20
Jahre verlegt werden müssen.*) Wir werden weiterhin sehen,
daß sich dann aus guten Quellen auch die Erinnerung an die

---

*) Plutarch (Cim. 18) hat dies allerdings gewagt.

wirkliche Zeit der Gesandtschaft des Kallias forterhielt, daß man sich die Sachlage so vorstellte, als ob Kimon nach dem Siege am Eurymedon den Frieden geschlossen, Kallias 445 denselben neu befestigt habe. Obwohl man nun längst eingesehen hat, daß der sogenannte kimonische Friede mit der Person Kimons nichts zu thun hat und auch in neuerer Zeit die Ansicht allgemein durchgedrungen ist, daß die Vorschläge Athens von dem Perserkönig nicht acceptiert worden sind*), so hat man doch den zeitlichen Zusammenhang zwischen dem Sieg bei Salamis auf Kypros und der Gesandtschaft des Kallias wunderbarer Weise nicht in Zweifel gezogen. Der Grund also, aus dem das Altertum die Gesandtschaft des Kallias vordatieren mußte, besteht für die neueren Gelehrten nicht mehr; man glaubt nicht mehr an den wirklichen Abschluß des Friedens, nicht mehr an die Angst des Perserkönigs infolge des Sieges Kimons, welche den Friedensschluß herbeigeführt haben soll: nichts destoweniger ist man dabei stehen geblieben, die Aufnahme der Verhandlungen an den athenischen Sieg beim kyprischen Salamis anzuknüpfen und stützt sich dabei auf die Zeitbestimmung des Ephoros, dessen Bericht doch grade durch diese als unhaltbar erwiesene innere Verbindung zwischen den Friedensanerbietungen und dem Siege Kimons auf das stärkste beeinflußt ist. Wie weit aber die einmal geschäftige Phantasie der Griechen die geschichtlichen Thatsachen nicht blos aus der richtigen Zeitfolge zu bringen, sondern gradezu zu fälschen vermochte, können wir an einem naheliegenden Beispiel erhärten. Plutarch berichtet uns, daß die Athener den Kallias wegen dieses Friedensschlusses außerordentlich geehrt hätten**), und Pausanias erzählt sogar, daß dem Kallias für das Zustandekommen des Friedens ein Standbild errichtet wurde.***) Dagegen bekundet Demosthenes

---

*) vgl. die diese Frage wohl zum Abschluß bringende Abhandlung Duncker's „über den sogen. kimonischen Frieden". Sitzungsberichte Berl. Akad. 1884 p. 788 ff. Nur Schmidt p. 78 ff. ist noch für den Abschluß eines Demarkationsvertrages mit Persien eingetreten, ohne daß seine Ausführungen irgend welche Ueberzeugungskraft hätten.

**) φασὶ (also für gewiß hält dies auch Plutarch nicht!) δὲ καὶ βωμὸν εἰρήνης διὰ ταῦτα τοὺς Ἀθηναίους ἱδρύσασθαι καὶ Καλλίαν τὸν πρεσβεύσαντα τιμῆσαι διαφερόντως.

***) I. 8. 2. Καλλίας, ὃς πρὸς Ἀρταξέρξην τὸν Ξέρξου τοῖς Ἕλλησιν, ὡς Ἀθηναίων οἱ πολλοὶ (also eine Minderzahl der Athener zweifelte selbst zu jener Zeit daran!) λέγουσιν, ἔπραξε τὴν εἰρήνην.

in positivster Weise, daß Kallias bei der Rechenschaftsablegung
über diese Gesandtschaft zur Zahlung von 50 Talenten verurteilt wurde, ja kaum dem Tode entging*), und an einer
andern Stelle belehrt uns Demosthenes, daß dem Konon zuerst
von allen Athenern wie dem Harmodios und Aristogeiton eine
Bildsäule errichtet worden ist.**) Trug man also kein Bedenken,
dem angeblichen ruhmvollen Friedensschluß zu Liebe dem Kallias
noch nachträglich eine Bildsäule zu setzen, so wird man sich noch
weniger gescheut haben, aus demselben Motive das Datum seiner
Gesandtschaft ein wenig zu verschieben. Doch vielleicht sprechen
die Vorbedingungen der äußern Verhältnisse im Jahre 449
dafür, daß grade in diesem Jahr eine friedliche Annäherung
zwischen Athen und Persien angebahnt wurde. Denn auf dieses
Argument vornehmlich neben der Zeitbestimmung Diodors stützen
sich sowohl die früheren Verteidiger des Friedensvertrages***)
als die nunmehrigen Vertreter der Ansicht, daß die Friedens-
verhanblungen scheiterten. Wenn man aber den Zeitverhältnissen
für die Entscheidung in dieser Streitfrage das Hauptgewicht
einzuräumen gewillt ist, so erfordert es die einfachste Regel der
Kritik, daß man diese Zeitverhältnisse nicht nach dem infolge
der Tendenz, die Thaten der Athener in möglichst glänzendem
Lichte erscheinen zu lassen, um daran den Abschluß des rühm-
lichen Friedens zu knüpfen, beeinflußten und parteiisch gefärbten
Bericht des Ephoros beurteilt, sondern es ist notwendig, daß
man die Übersicht über die Entwicklung der Ereignisse im Jahre
449 auf einen unabhängig von dieser Auffassung abgefaßten
Bericht gründet. Des Thukydides Bericht (I. 112) lautet
folgendermaßen: „Mit dem hellenischen Kriege hielten die Athener
inne, nach Kypros aber zogen sie aus mit 200 sowohl eigenen
als bundesgenössischen Schiffen unter dem Befehl des Kimon.
Und 60 Schiffe von diesen segelten nach Ägypten — Amyrtäos,
der König in den Sümpfen, rief sie herbei — die übrigen aber
belagerten Kition. Da jedoch Kimon starb und Mangel an

---

*) de falsa lege p. 428: ἐκεῖνοι (majores vestri) τοίνυν, ὡς
ἅπαντες, εὖ οἶδ' ὅτι, τὸν λόγον τοῦτον ἀκηκόατε (man stelle die Sicherheit
dieser Behauptung mit dem φασὶ des Plutarch, dem Ἀθηναίων οἱ πολλοὶ
des Pausanias zusammen!) Καλλίαν τὸν Ἱππονίκου ταύτην τὴν ὑπὸ πάν-
των θρυλουμένην εἰρήνην πρεσβεύσαντα ὅτι δῶρα λαβεῖν ἔδοξε πρεσβεύσας
μικροῦ μὲν ἀπέκτειναν, ἐν δὲ ταῖς εὐθύναις πεντήκοντα ἐπράξαντο τάλαντα.

**) in Leptinem p. 504. Dind.

***) Hiecke de pace Cimonica, Greifswalde 1868. Schmidt
a. a. O.

Unterhalt entstand, wichen sie von Kition, und als sie auf die Höhe von Salamis schifften, lieferten sie den Phönikern und Kilikern, welche auf Kypros waren, eine Seeschlacht und zugleich eine Landschlacht, siegten in beiden und segelten nach Hause, und die Schiffe, die aus Ägypten zurückkamen, mit ihnen." Der Thatbestand war demnach folgender. Kimon war während der Belagerung Kitions gestorben. Er war die Seele des ganzen Unternehmens gewesen; der Tod des Feldherrn, der ausdauernde Widerstand der Belagerten, der eingetretene Mangel im Heere im Heere der Griechen veranlaßten Kimons Nach= folger, die Belagerung aufzuheben. Daß Kimons Nachfolger, wahrscheinlich Anaxikrates, von Kition hinweg nach Athen zu= rückberufen wurde, weil Perikles nun den Krieg zu beenden wünschte oder weil Friedensunterhandlungen im Gange waren, ist unter den Gründen der Aufhebung der Belagerung bei Thukydides nicht angegeben, auch ganz unmöglich, da die attische Flotte von Kition aus offensiv gegen Salamis vorgegangen ist. Hiermit soll indes keineswegs geläugnet werden, daß die Rück= sichtnahme auf die zu Athen gewiß bekannte Anschauung des Perikles, dem jeder Angriffskrieg gegen Persien als eine un= fruchtbare Vergeudung attischer Kraft erschien, auf die Ent= schließung des Anaxikrates eingewirkt haben mag. Es ist nicht unmöglich, daß der sterbende Kimon, wie Phanodemos bei Plutarch berichtet, selbst den Rat erteilte, die aussichtslose Be= lagerung aufzuheben, wenn es allerdings unglaublich erscheint, daß der Tod des Kimon selbst dem Bundesgenossen bis zur Heimkehr nach Athen verheimlicht werden konnte. Selbstver= ständlich konnte Anaxikrates nicht von Kypros scheiden, so lange sich daselbst eine Flotte und ein Heer der Perser befanden, welche nach dem Abzug der Athener den griechisch gesinnten Teil der Bevölkerung der Insel unterdrückt hätten. Ebensowenig durfte er die Verantwortung auf sich nehmen, mit dem größten Teil der Flotte nach Athen zurückzukehren und die Abteilung von 60 Schiffen in Ägypten zurückzulassen. Er schickte daher an die Schiffe in Ägypten den Befehl, sich mit der Hauptflotte wieder zu vereinigen*), suchte aber, ohne deren Eintreffen zu erwarten — der fühlbare Mangel im Heere mochte zu einem raschen Entschlusse drängen —, die feindlichen Streitkräfte bei

---

*) Die vom Orakel des Ammon zurückgekehrten Griechen erfahren im Lager, daß Kimon tot sei. Plut. Cim 18: γενόμετοι δὲ ἐν τῷ στρατο-πέδῳ τῶν Ἑλλήνων, ὃ τότε περὶ Αἴγυπτον ἦν, ἐπύθοντο τεθνάναι τὸν Κίμωνα.

Salamis auf und besiegte dieselben. Anaxikrates fiel in der Schlacht, sein Nachfolger wartete noch die Ankunft der Schiffe aus Ägypten ab und segelte dann nach Athen zurück. Stand man nun in Athen von der Fortsetzung des Krieges ab, so hatte der attische Stratege, der die Flotte nach Athen zurück= führte, im Interesse seines Staates gehandelt; entschloß sich aber das athenische Volk zur Weiterführung des Krieges, so fand die attische Flotte im nächsten Jahre keinen ernstlichen Widerstand auf Kypros. Dieses und nichts andres ergiebt der Bericht des Thukydides, wenn man ihn nicht mit dem des Ephoros bei Diodor vermengt. In welchem Moment nun sollen die Perser Friedensunterhandlungen angeknüpft haben? Denn selbst wenn jemand dabei beharren wollte, daß Perikles die attische Flotte zurückberief, so konnte dies doch nur dann geschehen, wenn von persischer Seite Anträge vorangegangen waren, die Feindseligkeiten einzustellen, andrerseits hätte die Ge= sandtschaft des Kallias auch nicht auf Zulassung an den per= sischen Hof rechnen können. So lange die Griechen Kition vergeblich belagern, können die Perser doch nicht den Wunsch äußern, mit Athen in Unterhandlung zu treten; nach dem Siege bei Salamis aber hatte die attische Flotte Kypros verlassen. Doch vielleicht verweilte die attische Flotte nach dem Siege bei Salamis noch so lange auf Kypros, bis die durch ihre Nieder= lage erschreckten Perser sich bereit erklärten, in Unterhandlungen zu treten? Auch dieser Auffassung, welche von Duncker ver= treten wird, kann ich keine Berechtigung zugestehen. Wenn von athenischer Seite nach dem Siege bei Salamis Friedensbedin= gungen gestellt wurden, so mußte zunächst die Forderung auf gänzliche Räumung von Kypros durch die Perser erhoben werden; wollte man Kypros und Ägypten, wie es durch die Friedensbedingungen stipuliert wurde, den Persern preisgeben, so hätte man den Feldzug des Jahres 450 überhaupt nicht unternehmen brauchen. Aber selbst vorausgesetzt, der Einfluß und die Friedensliebe des Perikles seien so groß gewesen, um beim athenischen Volk die Verzichtleistung auf Kypros durchzu= setzen; so weit reichte auch das politische Ansehn eines Perikles nicht, um nach der Ablehnung der mäßigen Forderungen Athens von persischer Seite, die doch Duncker selbst zugesteht, dem Drängen der Athener nach sofortiger Vergeltung für den per= sischen Hochmut Widerstand zu leisten. Wir wissen, daß der Hauptvorwurf, welchen Thukydides gegen Perikles erhob, der war, daß er den Krieg gegen die Perser vernach=

läffige; wir wiffen ferner, daß Perikles fpäterhin feinen Verwandten und Freund Kallias nicht vor einer Verurteilung fchützen konnte, als feine Gefandtfchaft nach Sufa nicht den gehofften Erfolg hatte: wären die athenifchen Anerbietungen 449 zurückgewiefen worden, als Athen fich noch auf der Höhe feiner Machtftellung befand, dann hätte eine Weigerung des Perikles, dem Volkswillen nachzugeben, ficher feinen Sturz herbeigeführt. Denn niemals lagen die Dinge für Erneuerung des Kampfes gegen die Perfer günftiger, als in dem Jahre nach Kimons Tode. Durch den Waffenftillftand mit Sparta war Athen noch auf mehrere Jahre vor einem Angriff diefes Staates gefichert. Nicht nur über das Infelgebiet, fondern auch über den größten Teil Mittelgriechenlands, ja felbft über einige Staaten des Peloponnes dehnte fich zu diefer Zeit die athenifche Herrfchaft aus. Dagegen fchwebte der Thron des Perferkönigs niemals in größerer Gefahr, als gerade zu diefer Zeit. Der perfifche Feldherr Megabyzos hatte dem Jnaros bei deffen Gefangennahme 454 das Leben zugefichert. 5 Jahre darauf, alfo 449 ward Jnaros auf Betreiben der Königin = Mutter Ameftris ans Kreuz gefchlagen. Megabyzos empfand diefe Hinrichtung als einen ihm perfönlich angethanen Schimpf und erhob die Waffen gegen den König. Mehrere Jahre lang dauerte der Aufftand; zwei große Heere des Perferkönigs wurden befiegt, und nur durch Ausföhnung mit Megabyzos nahm der Kampf ein Ende.*) Und diefen günftigen Augenblick follten die Athener vorübergelaffen haben, an dem Perferkönig für die Zurückweifung ihrer Vorfchläge Rache zu nehmen, und Artaxerxes follte es haben darauf ankommen laffen, daß die Athener fich mit dem auffäffigen Satrapen vereinigten? Artaxerxes mußte fich in diefer gefährlichen Krife die härteften Bedingungen gefallen laffen. Was forderte aber diefer Friedensvertrag von ihm, den er in einem folchen Augenblick zurückgewiefen haben foll? Die Athener wollten Kypros aufgeben, wo fie eben einen glänzenden Sieg erfochten hatten; fie verfprachen den Amyrtäos in Ägypten nicht weiter zu unterftützen, fie verpflichteten fich, die Erhebung des Megabyzos in Syrien nicht zu begünftigen. Daß daneben noch die Freiheit der kleinafiatifchen Griechen gefordert wurde, war kaum ein Zugeftändnis feitens des Königs, der jetzt, wo fein eigener Thron in Frage ftand, ficher an keinen Angriffskrieg gegen die klein-

*) Ctesias, Pers. 84—39.

afiatifchen Griechen dachte. Wahrlich, wenn folche Friedens=
bedingungen damals dem Großkönig angeboten wären, fo hätte
er beftimmt keinen Augenblick gezaubert, fie anzunehmen.
Hatten die Griechen fich durch einen folchen Vertrag felbft die
Hände gebunden, war Kypros wieder in perfifchem Befitz,
Ägypten wieder unterworfen, konnten in den kilikifchen und
phönikifchen Häfen ungeftört perfifche Flotten ausgerüftet werden :
dann hinderten diefe Friedensbedingungen ficherlich den Perfer=
könig nicht, im geeigneten Moment zur Offenfive wieder über=
zugehen. Alle Vorteile in diefem angebotenen Vergleich lagen
auf perfifcher, alle Nachteile auf athenifcher Seite. Daß Athen
einen folchen Vertrag überhaupt anbot, zeigt, daß der Gefandt=
fchaft des Kallias nach Sufa der Zufammenbruch der attifchen
Macht vorausging, der Athen zu dem nachteiligen Friedens=
fchluß mit Sparta im Jahre 445 nötigte; daß der Perferkönig
aber fogar diefen Vertrag, wie die Ereigniffe der Folgezeit
lehren, zurückwies, beweift, daß zur Zeit diefer Unterhandlungen
die Ausföhnung zwifchen Artaxerxes und Megabyzos bereits
ftattgefunden hatte. Diefe Verföhnung war aber gleichfalls
im Jahre 445 fchon erfolgt, da die Sendung des Nehemia
im 20. Jahre der Regierung der Artaxerxes d. h. 445 die
wiederhergeftellte Autorität des Königs in Syrien vorausfetzt.
Im Jahre 445 konnten die Athener unbefchadet ihrer Ehre
einen folchen Vertrag anbieten, denn fie gaben damit wenig
oder gar nichts auf. Der Perferkönig mußte damals den Ver=
trag ablehnen, denn er hätte durch denfelben nichts gewonnen
und brauchte die Folgen der Ablehnung nicht zu fürchten.
Kypros war nach dem Abzug der attifchen Flotte durch den
Phöniker Abbemon von Salamis aus der perfifchen Herrfchaft
wieder unterworfen worden und eine Unterftützung des Amyr=
täos durch die Athener konnte der Perferkönig, der über die
veränderten Machtverhältniffe Athens durch die zu derfelben
Zeit wie Kallias in Sufa weilende Gefandtfchaft der Argiver
genaue Kenntnis hatte, fehr wirkfam damit beantworten, daß
er den Athenern in ihrer Heimat einen fehr gefährlichen Krieg
erregte. Andrerfeits verbot den Athenern im Jahre 445 die
Rückficht auf die lauernden Feinde in der Nähe, fich aus
Empfindlichkeit über die Zurückweifung ihrer Vorfchläge in einen
Krieg mit Perfien zu ftürzen.
Wenn auch des Thukydides Partei die Verurteilung des
Kallias durchzufetzen vermochte, weil ihn die Athener durch den
Perferkönig beftochen glaubten oder feinem Mangel an Eifer

die Schuld an dem Scheitern der Verhandlungen beimaßen, so konnten die konservativen Heißsporne doch nicht das athenische Volk zu einer Kriegserklärung gegen Persien fortreißen. Außer der Berufung auf die Gefahren in der Nähe brauchte Perikles, um den Demos dem Krieg abgeneigt zu stimmen, nur darauf hinzuweisen, daß, wenn man sich in einen so kostspieligen und doch unnützen Krieg stürze, die für die Weiterführung jener Bauten, welche dem Volk reichlichen Erwerb verschafften, disponiblen Gelder dann eine andere Verwendung finden, daß die Auszahlung des Richtersoldes und Theatergeldes suspendiert werden müsse.

Also der Bericht des Thukydides in Verbindung mit den durch Ktesias überlieferten Verhältnissen des persischen Reiches spricht ausdrücklich dagegen, daß 449 Friedensverhandlungen angeknüpft wurden. Wie stellt sich nun zu dieser Frage selbst der durch eine bestimmte Tendenz getrübte Bericht des Ephoros bei Diodor?

Da die Athener infolge des kimonischen Sieges einen glänzenden Frieden abschließen sollen, so läßt Ephoros den Kimon im Widerspruch zu Thukydides anfangs einen großen Seesieg erfechten. Nach dem Siege Kimons am Eurymedon hatte derselbe Ephoros berichtet, daß die Perser Kriegsschiffe in noch größerer Anzahl bauten,*) nach dem Siege der Athener in Ägypten hatte derselbe Schriftsteller nicht etwa berichtet, daß Artaxerxes den Athenern die Hand zum Frieden bot, sondern daß er die Spartaner zum Einfall in Attika aufzureizen suchte und, als ihm dies nicht gelang, andere Streitkräfte rüstete.**) Nach dem Siege Kimons 450 aber, als die Belagerten in Salamis — diese Stadt ist bei Ephoros an Stelle des nach ihm gleich anfangs eroberten Kition getreten — „die Angriffe der Griechen leicht abwehrten“,***) soll der Perserkönig gleich so in Schrecken geraten sein, daß er seinen Feldherrn den Auftrag gab, „unter jeder Bedingung mit den Griechen Frieden zu schließen.“†) Nun erwartet man sicher, daß die Athener exorbitante Forderungen gestellt haben werden. Nichts von alledem; nach einer so glänzenden, vielversprechenden

---

*) Diod. XI. 62.
**) Diod. XI. 74.
***) Diod. XII. 4: οἱ δ' ἐν τῇ πόλει στρατιῶται, ἔχοντες βέλη καὶ παρασκευήν, ῥᾳδίως ἀπὸ τῶν τειχῶν ἠμύνοντο τοὺς πολιορκοῦντας.
†) Diod. XII. 4: ἐφ' οἷς ἂν δύνωνται, συλλύσασθαι πρὸς τοὺς Ἕλληνας.

Einleitung folgt als Friedensvertrag jenes von Krateros in seine Sammlung aufgenommene Phephisma, durch welches die Vollmachten für Kallias und seine Mitgesandten festgestellt wurden, ein Volksbeschluß, von dem wir oben gezeigt haben, daß er in dem Athen des 5. Jahrhunderts wohl in einem Moment der Schwäche und Erniebrigung, niemals aber nach einem großartigen Erfolge gefaßt werden konnte. An diesem Widerspruch zwischen einem angeblich glänzenden Frieden *) und so weitgehenden Konzessionen der Athener krankt der Bericht des Ephoros und zeigt seine innere Unwahrheit. Haben wir bis jetzt nur gezeigt, daß nach Beurteilung der Zeitverhältnisse die Gesandtschaft des Kallias in die Zeit nach Abschluß des 30 jährigen Friedens hinabgerückt werden muß, so wollen wir jetzt für diese Zeitbestimmung auch zwei positive Zeugnisse bei= bringen. Kallias, der die Friedensanerbietungen nach Susa überbrachte, hatte auch die Verhandlungen mit Sparta geleitet, die zum Abschluß des 30 jährigen Friedens führten (Diod. XII. 7., Xenoph. Hellen. VI 3. 1—19). Daß man den Kallias nicht wieder mit einer so wichtigen Verhandlung be= traut hätte, wenn er zuvor wegen schlecht geführter Unterhand= lung mit Persien beinahe zum Tode verurteilt worden war, sieht Duncker selbst ein, er nimmt deshalb an, (9. 87 Anmkg.), daß die Verurteilung des Kallias nach dem Frieden mit Sparta erfolgt sei und daß Demosthenes „aus chronologischer Unkunde oder um den Eindruck des Beispiels zu schärfen, diese Ver= urteilung auf die bekanntere Gesandtschaft des Kallias nach Susa übertragen habe." Gegen diese Annahme lassen sich mit einem kleinen Zusatz die eigenen Worte Dunckers an dieser Stelle anführen:

„Demosthenes konnte sich doch nicht in einem Staats= prozesse dem Äschinas gegenüber auf die Verurteilung des Kallias zu 50 Talenten — wir fügen hinzu: wegen der An= nahme von Geschenken bei der Gesandtschaft in Susa — als auf einen allen Athenern bekannten Vorgang beziehen, wenn solche Verurteilung nicht stattgefunden hätte." Setzte Demosthenes eine solche Kenntnis dieser Verurteilung bei den Zuhörern vor= aus, wie seine Worte: ὡς ἅπαντες, εὖ οἶδ' ὅτι, τὸν λόγον τοῦτον ἀκηκόατε, anzubeuten scheinen, so durfte ihm selbst doch am wenigsten eine so grobe Verwechslung passieren. Außerdem

---

*) Diod. (XII. 4): λαμπρὰν μὲν νίκην νενικηκότες. ἐπιφανεστάτας δὲ συνθήκας πεποιημένοι.

ist es auch viel wahrscheinlicher, daß Kallias von dem Groß=
könig beim Abschied Geschenke als Erinnerungszeichen erhielt,
die daheim als Bestechung ausgelegt wurden, wie denn auch
Pyrilampes bei dieser Gelegenheit vom Perserkönig jene zu
Athen viel bewunderten Pfauen bekam, als daß Kallias von
den Spartanern Geschenke empfangen hätte, die sich wohl selbst
lieber bestechen ließen, als es bei andern versuchten. Und ebenso
erscheint es viel glaublicher, daß die Partei des Thukydides in
ihrer Erbitterung über die Sendung des Kallias nach Susa,
das Scheitern seiner Mission benutzte, um durch die Ver=
urteilung des Kallias den Perikles zu treffen, während ein
Friedensschluß mit Sparta doch kaum auf Opposition dieser
Partei stoßen konnte.

Hat demnach Demosthenes sich nicht geirrt, wenn er die
Verurteilung des Kallias auf die Gesandtschaft nach Susa
bezog, so ist damit der erste Beweis geliefert, daß die Friedens=
verhandlungen mit Persien nach dem 30 jährigen Frieden er=
folgten.

Den zweiten Beweis liefert uns die Notiz des Suidas
über Kallias. Suidas folgt jener Version der Sage, welche
den kimonischen Frieden nach dem Siege am Eurymedon ein=
treten läßt; er ist deshalb davor bewahrt geblieben, die Gesandt=
schaft des Kallias mit dem Tode Kimons in irgend eine Be=
ziehung zu bringen. Indem Suidas die Sendung des Kallias
nur erfolgen läßt, um den bereits abgeschlossenen Frieden neu
zu befestigen, also über die Sendung des Kallias ohne Rück=
sicht auf die Zeit dieses Friedens seine Quellen befragen konnte,
hat er uns die richtige Zeit dieser Sendung überliefert. Die
Notiz bei Suidas lautet: Καλλίας ὁ Λακκοπλούντος ἐπι-
κληθεὶς στρατηγῶν (man erwartet πρεσβεύσας) πρὸς Ἀρταξέρξην τοὺς ἐπὶ Κίμωνος τῶν σπονδῶν ἐβεβαίωσεν ὅρους·
καθ᾽ ὃν εἰσβαλόντες Λακεδαιμόνιοι Πλειστοάνακτος τοῦ
Παυσανίου βασιλεύοντος ἐδῃώσαντο τὴν Ἐλευσῖνα καὶ τὸ
Θριάσιον πεδίον κ. τ. ἑ. Da die Gesandtschaft des Kallias
nach Susa mit dem Einfall der Lakedämonier in Attika in
keinem inhaltlichen Zusammenhang steht, so hat Suidas in
seiner Quelle entweder vorgefunden: „Diese Gesandtschaft er=
folgte in demselben Jahre, in welchem Pleistonax in Attika
einfiel“ oder „Diese Gesandtschaft erfolgte, als Kallimachos
Archon zu Athen war“, für welche Zeitbestimmung dann
Suidas den in dieses Jahr gehörenden Einfall des Pleistonax
einsetzte. Hatte sich aus der Stelle bei Demosthenes ergeben,

daß Kallias erst nach Abschluß des 30 jährigen Friedens nach
Susa gesandt sein kann, so zeigt die Notiz bei Suidas, daß
dies noch in der ersten Hälfte von 445, also unmittelbar nach
dem Frieden mit Sparta geschah. Für diese rasche Aufein=
anderfolge der beiden Gesandtschaften des Kallias läßt sich noch
ein anderes Indizium anführen. Philochoros (Frag. 90 Müller)
berichtet, daß Psammetich, der König der Lybier — damit ist
Amyrtäos, Nachfolger des Inaros, des Sohnes von Psammetich,
zu verstehen — den Athenern unter dem Archon Lysimachides
(445/44) 30 000 Scheffel Getreide zum Geschenk gemacht
habe.*) Wenn Amyrtäos, dem nach der Aussöhnung zwischen
Artaxerxes und Megabyzos das Schicksal des Inaros drohte,
sich zu dieser Zeit**) an Athen um Hülfe wandte, so mochte
er wissen, daß die Friedensverhandlungen in Susa sich zer=
schlagen hatten, und hoffen, daß die Athener in ihrer Erbitte=
rung seinem Gesuche entsprechen würden. Wenn andrerseits
die Athener ein Geschenk zu dieser Zeit von dem Rebellen
gegen den Großkönig annahmen, so mußten sie auf den Groß=
könig keine Rücksicht mehr zu nehmen brauchen, Kallias also
schon unverrichteter Sache heimgekehrt sein.

Somit glaube ich, daß das Jahr 445 als Zeit der Ge=
sandtschaft des Kallias genügend beglaubigt ist.

Dadurch ist indessen nur das Hindernis beseitigt, aus
welchem Duncker die Pontosfahrt und die panhellenischen Ent=
würfe des Perikles nicht für die Jahre 449 und 448 ansetzen
zu dürfen glaubte. Daß beide Ereignisse wirklich in diese
Jahre fallen, muß noch anderweitig bewiesen werden. Wir
beginnen mit der Pontosfahrt.

Dieselbe wird von Duncker für das Jahr 444 angesetzt
und gilt ihm als der Gegendienst Athens für die Sendung
des Amyrtäos. „Perikles", meinte er, „mußte den
Athenern sagen können, das Erscheinen unsrer Flotte am Nord=
ufer Kleinasiens, die Befreiung der Hellenenstädte dieser Küste
wird und muß die Streitkräfte Persiens vom Nil abziehen und
damit dem Amyrtäos indirekt die gewünschte Hülfe bringen."
In solcher Weise aber läßt sich der Feldzug des Perikles

---

*) Gegen das in Verbindung mit diesem Geschenk bei Plut. Pericl. 37
erwähnte Bürgergesetz des Perikles hat Duncker in seiner Abhandlung:
„Ein angebliches Gesetz des Perikles". Sitzungsberichte Berl. Akad. 1888
gewichtige Bedenken erhoben.
**) Das Geschenk traf wahrscheinlich nach der Ernte in Aegypten,
d. h. im Frühjahr 444 ein.

schwerlich motivieren. Perikles durfte nicht sicher erwarten dadurch, daß er die Nordküste Kleinasiens bedrohte, dem Amyrtäos in irgend einer Weise zu helfen. Der Perserkönig hätte in solchem Falle die Verteidigung jener Gegenden der Truppenmacht der Satrapen Phrygiens und Kappadokiens überlassen, ohne seine Hauptmacht von Ägypten wegzuziehen. Auch zeigt ja die baldige Unterdrückung des Aufstandes, daß, falls der Zug nach dem Pontos 444 unternommen worden wäre, derselbe den nach Duncker beabsichtigten Erfolg gar nicht gehabt hätte. Die einzige Veranlassung für den Zug nach dem Pontos entdecke ich deshalb in dem bei Plutarch bemerkten Hülfsgesuch der pontischen Städte (Pericl. 20. ταῖς μὲν Ἑλληνίσι πόλεσιν, ὧν ἐδέοντο, διεπράξατο), welchem die Athener um so lieber Folge leisten mußten, als jene Gegenden durch ihren Kornreichtum für das getreidearme Attika von der größten Bedeutung waren.

Sehen wir nun zu, ob sich aus dem Bericht Plutarchs irgend welche Andeutungen über die Zeit des Zuges ergeben. Aus der Reihenfolge bei Plutarch kann anscheinend keine Folgerung gezogen werden. Zuerst wird die Schlacht bei Koronea 447 erwähnt, dann folgen des Perikles Zug nach den Chersones 452, sein Kriegszug nach dem Peloponnes 454 u. s. w. Indessen läßt sich bei aufmerksamer Beobachtung eine bestimmte Anordnung der Ereignisse durch Plutarch nicht verkennen. Plutarch hatte zum Beweis für das stolze Selbstvertrauen des Perikles als Staatsmann seinen Entwurf, eine hellenische Nationalversammlung nach Athen einzuberufen, erwähnt. Kap. 17 (Schluß): τοῦτο μὲν οὖν παρεθέμην ἐνδεικνύμενος αὐτοῦ τὸ φρόνημα καὶ τὴν μεγαλοφροσύνην. Im scharfen Gegensatz zu dieser Kühnheit als Staatsmann stand aber des Perikles Vorsicht als Feldherr, seine Unlust, das Leben der Mitbürger leichthin aufs Spiel zu setzen cap. 18 (Anfang): ἐν δὲ ταῖς στρατηγίαις εὐδοκίμει μάλιστα διὰ τὴν ἀσφάλειαν — ἀεί τε λέγων πρὸς τοὺς πολίτας, ὡς ὅσον ἐπ᾽ αὐτῷ μενοῦσιν ἀθάνατοι πάντα τὸν χρόνον. Es lag nun nahe, als bezeichnendes Beispiel für diese Gesinnung die Warnung des Perikles beim Auszug des Tolmidas vor der Schlacht bei Koronea anzuführen. In diesem Fall hatte die weise Voraussicht des Perikles ihm selbst wohl später Ansehn verschafft, aber das Unheil hatte er von den Athenern nicht abzuwenden vermocht. Plutarch schließt deshalb den Kriegszug nach dem Chersones an, auf welchem sich Perikles den dortigen Hellenen als Retter erwies, cap. 19: τῶν δὲ στρατηγιῶν ἠγαπήθη μὲν ἡ περὶ Χερρόνησον αὐτοῦ μάλιστα, σωτήριος γενομένη τοῖς αὐτόθι κατοικοῦσι τῶν Ἑλλήνων. Darauf folgen nun bei Plutarch: cap. 19 Kriegszug gegen den Peloponnes (454), cap. 20 Fahrt nach dem Pontos (?), cap. 21 Feldzug der Spartaner nach Phokis und Gegenzug der Athener (448), cap. 22 Abfall von Euböa und Megara, Einfall des Pleistoanax (446), cap. 24 Abschluß des 30 jährigen Friedens (445), cap. 24—28 famischer Krieg (440—439), cap. 29 Absendung der 10 Schiffe unter Lakedämonios während des Krieges zwischen Korinth und Korkyra (433). Man sieht, daß, wenn die Fahrt nach dem Pontos 449 angesetzt wird, die weitere Erzählung bei Plutarch durchaus nach der Reihenfolge der Begebenheiten geordnet ist.

Sollte man aber eine solche Disposition bei Plutarch nicht anerkennen wollen, so ergiebt doch der Zusammenhang, in welchem die Fahrt nach dem Pontos mit den Ereignissen der Jahre 448—446 bei Plutarch gebracht ist, daß diese Fahrt den darauf folgenden Ereignissen letzterer Jahre voraufgeht. Nachdem nämlich Plutarch die Pontosfahrt erzählt, fährt er fort: Im Übrigen aber wich er dem Drängen der Bürger nicht, noch ließ er sich mit ihnen durch solche Stärke und solches Glück (ὑπὸ ῥώμης καὶ τύχης τοσαύτης) zu dem Verlangen verleiten, sich von neuem Ägyptens wiederanzunehmen (Αἰγύπτου τε πάλιν ἀντιλαμβάνεσθαι) und die Herrschaft des Königs an den Meeresküsten zu erschüttern." Nach dem bemütigen Frieden mit Sparta konnten die Athener nicht „durch solche Stärke und solches Glück" verleitet werden, Ägypten zu helfen, wohl aber passen diese Worte auf die Zeit von Kimons Tod bis zur Schlacht bei Koronea. Der Ausdruck Αἰγύπτου πάλιν ἀντιλαμβάνεσθαι beweist, da Αἰγύπτου ἀντιλαμβάνεσθαι schon besagen würde, „sich Ägyptens wiederum annehmen", daß dieses Drängen nach Kimons Tode eintrat. Dies spricht durchaus nicht gegen unsre Zeitbestimmung. Nach Kimons Tod waren die 60 Schiffe aus Ägypten zusammen mit der Hauptflotte vor Kypros im Frühling 449 nach Athen zurückgekehrt. Gewiß gab es eine Menge Bürger in Athen, namentlich aus der Partei des Thukydides, welche forderten, daß man den Krieg fortsetzen solle. Perikles konnte nach so großen Erfolgen nicht daran denken, den Kampf gegen Persien sofort einzustellen und die Thatenlust der Athener unbeschäftigt zu lassen. Er sah aber ein, daß die Weiterführung des Kampfes auf Kypros und in Ägypten, der bisher wenig Vorteile eingebracht, dagegen sehr viel an Mannschaft, Schiffen und Geld gekostet hatte, durchaus nicht im wohlverstandenen Interesse Athens liege. Selbst bei einem günstigen Ausgang des Kampfes war Athen entweder nicht stark genug, seine dominierende Stellung in Ägypten auf die Dauer zu behaupten oder Athen mußte seine volle Kraft in Ägypten einsetzen und stand dann beim Wiederausbruch des Krieges mit Sparta, dessen Unvermeidlichkeit Perikles voraus= sah, halb wehrlos da. Konnten daher Feindseligkeiten gegen Persien nicht umgangen werden, so war es besser, dem Hülfs= gesuch der hellenischen Städte im Pontos zu entsprechen und die in diesen Städten gebietenden, mit Persien im Bunde stehenden Tyrannen zu stürzen. Gelang es, die pontischen Städte zum Anschluß an den Bund der Athener zu bringen oder wenigstens nähere Beziehungen mit ihnen anzuknüpfen, so standen große materielle Vorteile den Athenern in Aussicht. So führte denn Perikles im Sommer 449 die Flotte nach dem Pontos. Der erfolgreiche Ausgang dieses Unternehmens hatte natürlich die Stimmen derer, welche Fortsetzung des Krieges gegen Persien befürworteten, nicht zum Schweigen gebracht; die Lage der Dinge in Persien, wo im Herbst 449 der Auf= stand des Megabyzos ausgebrochen war, schien ihrem Drängen recht zu geben: so wurden denn im Frühjahr 448 wieder Stimmen laut, man möge dem Amyrtäos die Flotte wieder zurücksenden und die Perser in den Häfen Phönikiens und Kilikiens aufsuchen (Αἰγύπτου τε πάλιν ἀντιλαμβάνεσθαι καὶ κινεῖν τῆς βασιλέως ἀρχῆς τὰ πρὸς θαλάσσῃ). Aber Perikles wich „im übrigen" dem Drängen der Bürger nicht (bei der Pontosfahrt war dies teilweise geschehen).

„Denn viele hatte schon jenes unselige und verderbliche Begehren ergriffen, das später die Redner im Gefolge des Alkibiades zur hellen Flamme anfachten." In Sizilien waren zu dieser Zeit die Griechen mit Mühe des Aufstandes der ein= heimischen Sikeler unter Duketios Herr geworden. Die Be= wegung aber glomm im Stillen fort und brach wenige Jahre darauf von neuem aus. Akragas und Syrakus, die nur mit vereinter Macht den Duketios besiegt hatten, gerieten eben in Zwist. Eine Einmischung Athens auf Sizilien war zu dieser Zeit nicht ohne Aussicht auf Erfolg. Jedenfalls mußten diese Vorgänge auf Sizilien die Aufmerksamkeit der Athener auf sich ziehen.

„Einige träumten sogar, daß infolge der Größe· der gegen= wärtigen Herrschaft und des günstigen Ganges der Unter=

nehmungen ($\delta\iota\grave{\alpha}\; \tau\grave{o}\; \mu\acute{\epsilon}\gamma\epsilon\vartheta o\varsigma\; \tau\tilde{\eta}\varsigma\; \acute{v}\pi o\varkappa\epsilon\iota\mu\acute{\epsilon}\nu\eta\varsigma\; \dot{\eta}\gamma\epsilon\mu o\nu\acute{\iota}\alpha\varsigma\; \varkappa\alpha\grave{\iota}\; \tau\grave{\eta}\nu\; \epsilon\mathring{v}\varphi v\tilde{\iota}\alpha\nu\; \tau\tilde{\omega}\nu\; \pi\rho\alpha\gamma\mu\acute{\alpha}\tau\omega\nu$) Tyrrhenien und Karthago nicht außer dem Bereich der Hoffnung lägen." Es wiederholt fich also hier jene Anspielung auf den großen Machtbesitz und das Glück Athens, die am besten auf die Zeit nach Kimons Tode bezogen werden kann.

„Aber Perikles hielt solche ausschweifenden Gedanken im Zaum, hemmte die Unternehmungsluft und legte das Schwergewicht auf die Bewachung und Befestigung des vorhandenen Befitzes." Wir werden sehen, daß im Jahr 448 zahlreiche Kleruchenaussendungen stattfanden.

„Denn er hielt es für eine große Sache, den Lakedämoniern Widerstand zu leisten, und arbeitete diesen stets entgegen. Dies bewies er vielfach und zuerst durch sein Verhalten bei dem heiligen Krieg." Derselbe fand in diesem Jahre statt.

„Daß aber Perikles mit Recht die Macht der Athener in Griechenland zurückhielt, bezeugte ihm das, was geschah." Es folgen nun die Ereignisse, die dem Abschluß des 30jährigen Friedens vorausgehen. Wenn aber diese Ereignisse beweisen sollen, daß Perikles mit Recht dem Drängen seiner Mitbürger nach weitaussehenden Unternehmungen Widerstand leistete, so muß doch dieses Drängen vor diesen Ereignissen liegen, d. h. in der Zeit vor der Schlacht bei Koronea, welche an dieser Stelle nur übergangen wurde, weil sie schon vorher erwähnt war.

Wenn wir demnach für die Zeitbestimmung der Pontosfahrt nur auf den Bericht Plutarchs angewiesen wären, so müßten wir uns auf Grund der darin enthaltenen Zeitandeutungen unbedenklich für das Jahr 449 entscheiden. Nun sprechen aber noch andere Umstände zu Gunsten dieses Jahres.

Perikles hatte auf seinem Zuge vor Sinope den Lamachos mit 13 Trieren zurückgelassen, um den Tyrannen Timesilaos zu stürzen. Dies war gelungen, und Perikles brachte nun den Beschluß zur Annahme, daß 600 Athener nach Sinope schiffen und mit den Sinopeern zusammensiedeln sollten. Die Ansiedlung in Sinope ist wahrscheinlich nicht vereinzelt erfolgt. Wenn z. B. Amisos nach Appian (Bell. Mithr. 83) $\acute{v}\pi'$ $A\vartheta\eta\nu\alpha\acute{\iota}\omega\nu\; \vartheta\alpha\lambda\alpha\sigma\sigma o\varkappa\rho\alpha\tau o\acute{v}\nu\tau\omega\nu$ erbaut war, nach Plutarch (Lucull. 19) eine Pflanzstadt Athens war $\acute{\epsilon}\nu\; \acute{\epsilon}\varkappa\epsilon\acute{\iota}\nu o\iota\varsigma\; \tau o\tilde{\iota}\varsigma\; \varkappa\alpha\iota\rho o\tilde{\iota}\varsigma,$ $\acute{\epsilon}\nu\; o\tilde{\iota}\varsigma\; \mathring{\eta}\varkappa\mu\alpha\zeta\epsilon\nu\; \mathring{\eta}\; \delta\acute{v}\nu\alpha\mu\iota\varsigma\; \alpha\mathring{v}\tau\tilde{\omega}\nu\; \varkappa\alpha\grave{\iota}\; \varkappa\alpha\tau\epsilon\tilde{\iota}\chi\epsilon\; \tau\grave{\eta}\nu\; \vartheta\acute{\alpha}\lambda\alpha\sigma\sigma\alpha\nu,$ so werden wir auch die Aussendung dieser Kolonisten mit der Pontosfahrt des Perikles in Verbindung bringen und sie ebenso, wie die Ansiedlung von Athenern in Sinope, in das diesem folgende Jahr verlegen. Diese neugewonnenen Verbindungen mit den pontischen Städten mußten aber gesichert, der Zugang zum Pontus den Athenern stets offen gehalten werden. Nun finden wir aber, daß Athen grade in den Jahren 448 und 447 bemüht ist, seine Stellung am Hellespont zu verstärken. „Während bis Ol. 83. 1 einschließlich die zum Bund gehöri= gen Gemeinden der Chersones unter dem Gesamtnamen der Chersonesiten aufgeführt werden und zusammen 18 Talente zahlen, werden von Ol. 83. 2 an ihre Zahlungen specialisiert. Gleichzeitig tritt eine ungewöhnliche Ermäßigung der Tribut= summe ein, welche unmittelbar nach Ol. 83. 2 etwa 2 Talente, später noch nicht ganz 2¹/₂ Talente beträgt. Ich weiß diese Erscheinung durchaus nicht anders zu erklären, als durch die Annahme, welcher ich Evidenz zuzuschreiben kein Bedenken trage, daß, falls wirklich schon seit Ol. 81. 4 attische Kleruchen auf der Chersones saßen, diese Ol. 83¹/₂ (447) neue Verstärkung erhalten haben" (Kirchhoff, Über die Tributpflichtigkeit der attischen Kleruchen in den Abhandl. d. Berl. Akad. 1873). Ebenso zahlte Lemnos Ol. 83. 1 noch 9 Talente, dagegen von Ol. 83. 2. Myrium 9000 Drachmen, Hephaistia 18000 d. h. zusammen 4¹/₂ Talente. Demnach müssen die Abtretungen für eine attische Kleruchie zwischen Ol. 82. 2 (451/50) und Ol. 83. 1 (448/47) erfolgt sein (Kirchhoff a. a. O.). Da 450 der Feldzug nach Kypros stattfand, so könnte die Aussendung der Kleruchie 449 nach Rückkehr der Flotte oder 448 statt= gefunden haben. Wir verlegen sie in das Jahr 448 und lassen sie gleichzeitig mit der Aussendung von Kolonisten nach Sinope in dem der Pontosfahrt (Sommer 449) folgenden Jahre stattfinden. Eine fernere Stütze für unsere Zeit= bestimmung ergiebt sich aus der Angabe des Andokides, daß die Athener während der Zeit des 5jährigen Waffenstillstandes 300 Skythen angekauft hätten.*) Man wird nicht fehlgehen, wenn man den Ankauf dieser Skythen, die in Athen als Polizeimannschaft verwandt wurden, mit der Pontosfahrt des Perikles in Verbindung bringt. Denn abgesehen von der un= sichern Notiz, welche den Aristides auf einer Fahrt nach dem Pontos sterben läßt, war dies die erste attische Kriegsflotte, welche sich im Pontos zeigte. Fand aber der Ankauf der Skythen bei des Perikles Pontosfahrt statt, so kann diese nur im Jahre 449 stattgefunden haben. Denn 450 war die attische

---

*) de pace 5. 7.

Flotte auf Kypros, also für Perikles keine „große und präch=
tige" Flotte vorhanden, 448 zog Perikles gegen Pholis, 447
war er in Athen anwesend, da er Tolmibas vor der Schlacht
bei Koronea die Warnung erteilte, 446 bekämpfte er den Auf=
stand auf Euböa. Zwischen 451 und 445 aber liegt der An=
lauf nach Anbokibes. Nun herrscht allerdings in den Angaben
des Anbokibes über die guten Folgen dieses 5jährigen Waffen=
stillstandes ziemliche Verwirrung; nichtsdestoweniger mag diese
Nachricht sehr wohl auf Wahrheit beruhen, um so mehr, als
Anbokibes nach dem Abschluß des 30jährigen Friedens die
Verstärkung dieser Polizeimannschaften meldet.*)

Wenn Plutarch berichtet, Perikles habe durch seinen Zug
den umwohnenden Völkern der Barbaren die Größe der Macht
der Athener, ihre Kühnheit und Furchtlosigkeit bewiesen, so kann
die Wirkung dieses Zuges nur eine augenblickliche gewesen sein.
Die Vorteile, welche Athen durch diesen Zug erlangte, be=
schränkten sich auf die Anknüpfung von Handelsverbindungen
und einzelne Ansiedlungen im Pontos. Daß es Perikles nicht
gelang, die pontischen Städte der attischen Bundesgenossenschaft
einzuverleiben, beweist nicht nur die Thatsache, daß in den
Quotenlisten bis Ol. 88. 4 (= 425 4) pontische Städte zur
Bundessteuer nicht veranlagt sind, sondern auch der Wortlaut
der Friedensvorschläge, welche Kallias 445 nach Susa über=
brachte. Es ist längst aufgefallen, daß die Athener in diesen
Unterhandlungen die Forderungen erhoben, die Perser sollten
ihre Kriegsschiffe nördlich jenseits der Kyaneen halten. (Es
sind dies zwei kleine Inseln vor der Einfahrt aus dem Pontos
in den thrakischen Bosporos). Dahlmann hat diesen Umstand
als Beweis dafür angeführt, daß diese ganzen Friedensbedin=
gungen apokryph seien; denn nördlich jenseits der Kyaneen habe
der Perserkönig überhaupt keine Kriegsflotte unterhalten, da das
binnenländische Persien im Pontos gar keine Flottenrhede besaß.
Trotzdem hat dieser Vorschlag Athens nach der Pontosfahrt
des Perikles wohl seine Bedeutung. Wie sich hinter jener
andern Forderung, die Perser sollten mit ihren Kriegsschiffen
südlich der chelidonischen Inseln bleiben, nur das Zugeständnis
Athens verbirgt, den Besitzstand Persiens auf Kypros und in
Ägypten nicht weiter zu gefährden, so war mit dieser zweiten
Forderung, die Perser sollten im Norden die Linie der Kyaneen

*) de pace 7. 9.

nicht überschreiten, nur der Verzicht Athens ausgesprochen, sein Herrschaftsgebiet über den Pontos auszudehnen. Die Grenzen, welche die persischen Schiffe nach dem Friedenskontrakte nicht hätten überschreiten sollen, waren auch die Grenzen des attischen Machtgebiets, welches die Perser respektieren sollten, jenseits deren aber die Athener den legitimen Einfluß des Perserkönigs anzuerkennen versprachen. Es ist klar, daß die Athener sich nicht zu solchem Anerbieten bequemt hätten, wenn ihnen aus der Pontosfahrt des Perikles dauernde Vorteile erwachsen wären. Wir gehen zu der von Perikles beabsichtigten Berufung eines hellenischen Kongresses nach Athen über.

Plutarch (Pericl. cap. 17) berichtet über diesen Plan des Perikles folgendes: „Als die Lakedämonier anfingen, durch Athens Aufblühen beunruhigt zu werden, stellte Perikles, das Selbstgefühl des Volkes noch höher zu steigern (ἐπαίρων τὸν δῆμον ἔτι μᾶλλον μέγα φρονεῖν) und sich großer Dinge für wert zu halten, den Antrag, an alle Griechen, wo immer sie in Europa oder Asien wohnten, an jeden großen, wie kleinen Staat, Abgeordnete zu einem Kongresse nach Athen zu senden, um hier zu beraten über die Wiederherstellung der von den Barbaren verbrannten Tempel, über die Erfüllung der zur Zeit des Kampfes gegen die Barbaren für Griechenland gemachten Opfergelübde, die man den Göttern noch schuldig sei, über ungefährdete Meerfahrt für alle und über die Sicherung des Friedens." Plutarch schließt den Bericht mit den Worten: „Es wurde aber nichts erreicht, da, wie erzählt wird, die Lakedämonier unter der Hand entgegenwirkten (Λακεδαιμονίων ὑπεναντιωθέντων) und der Versuch zuerst im Peloponnes abgewiesen wurde." Aus dieser Darstellung ergiebt sich zunächst zweierlei: Athen mußte zu dieser Zeit einen Höhepunkt seiner Machtstellung eingenommen haben, und es mußte sich zu dieser Zeit Athen mit der gesammten griechischen Staatenwelt im Frieden befinden. Durch die erste Voraussetzung wird aber schon Dunckers Zeitbestimmung beseitigt, nach der diese Berufung des Kongresses im Jahre 444 erfolgte. Wäre dem betreffenden Antrag des Perikles jene empfindliche Einbuße an Macht und Ansehen vorausgegangen, welche den Abschluß des 30jährigen Friedens für Athen bedeutete, so hätte Perikles wohl seinen Antrag stellen können, um dem athenischen Volke neues Selbstgefühl einzuflößen, aber nicht in der Absicht, das Selbstgefühl „noch höher" zu steigern (ἔτι μᾶλλον μέγα φρονεῖν). Athen konnte nur dann den Anspruch darauf erheben, durch Abhaltung

eines von allen Hellenen beschickten Friedenkongresses in seinen
Mauern sich als vorörtliche Macht anerkannt zu sehen, wenn
es eine solche Stellung einnahm, daß seine Gesandten, die zur
Beschickung des Kongresses aufforderten, selbst bei den Gegnern
der attischen Politik auf achtungsvolle Aufnahme rechnen durften.
Daß die Situation nach Abschluß des 30jährigen Friedens
nicht eine derartige war, sieht Duncker selbst ein. „Was
konnte jetzt Sparta," sagt er (9. 121), „bewegen, sich mit
seinen Bündnern in Athen einzufinden, diese hier selbstständig
votieren, d. h. die Förderation Spartas lockern zu lassen, um
sich mit den etwa 30 Gemeinwesen seines Bundes von den
300 Bundesorten Athens niederstimmen zu lassen, Athen aus
der gedrückten Stellung, welche Sparta ihm in dem unlängst
vor Jahresfrist geschlossenen Frieden auferlegt, wieder aufzu-
richten und schon durch sein Erscheinen in Athen diesen
anmaßlichen Gegner als leitende Macht in Hellas anzuerkennen?
Nicht ideale, sehr nüchterne Realpolitik wurde in Sparta
getrieben. Man wird hier die Aufforderung, Athens Ansehen
auf Kosten Spartas zu heben, Athens Hegemonie wenigstens
zur See zu acceptieren, sich in den Gegensatz zu Persien
drängen zu lassen, um dafür Friedensberatungen, Austrägal-
gerichte, Tempelbauten und Opfer einzutauschen oder Handels-
vorteile zu gewinnen, an welchen den Spartanern am wenigsten
gelegen war, nicht ohne Verwunderung über deren Naivetät,
kaum ohne Hohn und Spott vernommen zu haben. Die
Thebaner, welche eben Böotien unter ihrer Führung vereinigt
und ihren Bund organisiert hatten, konnten in der Aufforderung
Athens nur eine Falle sehen, nicht nur die Präponderanz
Athens durch Beschickung des Kongresses anzuerkennen; die
böotischen Städte, welche solange zu Athen gehalten, die Theben
eben wieder zum alten Gehorsam gezwungen, sollten wiederum
selbstständig neben der Abordnung Thebens in Athen tagen,
d. h. Theben selbst sollte seinen neugeschlossenen Bund wieder
auflösen, auf die Frucht von Koronea, auf seine jüngst errungene
Machtstellung verzichten!"
Aber Plutarch erwähnt nichts davon, daß die Thebaner
den Vorschlag zurückwiesen, sondern nur, daß das Anerbieten
zuerst im Peloponnes abgelehnt wurde; er berichtet nicht, daß
die Spartaner die athenischen Gesandten mit Spott und Hohn
empfingen, sondern daß sie ihnen „unter der Hand entgegenwirkten."

Ist deshalb der Antrag des Perikles in eine Zeit zu verlegen, in welcher Athens Macht unerschüttert bastand, und darf
Athen, um eine solche Aufforderung an sämtliche Griechen
richten zu können, sich zu derselben Zeit mit griechischen Staaten
nicht im Kriegszustande befunden haben, so kommen für die
Berufung des panhellenischen Kongresses nur 2 Jahre in
Betracht. 460, für welches Schmidt, und 448, für welches
Oncken sich entschied. Zwar stand 460 Athen nach Rück-
sendung seiner Truppen von Ithome zu Sparta in einem sehr
gespannten Verhältnis, aber Schmidt beruft sich mit Recht
darauf, daß Athen bei der damaligen Überlegenheit seiner
Macht den Widerstand des ohnmächtigen mit dem Helotenauf-
stande ringenden Sparta unbeachtet lassen konnte. Trotzdem
kann Schmidt's Zeitbestimmung nicht für richtig gelten.
Richtete der Antrag des Perikles seine Spitze gegen Persien,
hätte nicht Perikles, der übrigens 460 neben Ephialtes erst in
zweiter Reihe stand, sondern Kimon, der nicht, wie Schmidt
annimmt, 460 schon verbannt war, die Ausführung solcher
Entwürfe in die Hand genommen. Ihm mußte es vor allem
daran gelegen sein, die Mißhelligkeiten, die sich zwischen Athen
und Sparta erhoben hatten, dadurch zu beseitigen, daß er die
Zeit der Freiheitskriege, in denen Sparta an der Seite Athens
gestritten, in der Erinnerung der Griechen wieder auffrischte.
War aber der Antrag, wie Oncken wohl mit Recht (II. 130)
annimmt, ein Friedensakt, durch welchen Perikles „eine Politik
für immer beseitigt hatte, welche planmäßig darauf ausging,
den Perserkrieg fortzusetzen und auf immer entlegenere Schau-
plätze zu verfolgen," so konnte bei einer solchen Gesinnung
nicht unmittelbar darauf der Krieg in Ägypten folgen. Aus
der Zeitbestimmung Plutarchs $\alpha\varrho\chi o\mu\acute{e}\nu\omega\nu$ $\Lambda\alpha\varkappa\epsilon\delta\alpha\iota\mu o\nu\acute{\iota}\omega\nu$
$\check{\alpha}\chi\vartheta\epsilon\sigma\vartheta\alpha\iota$ $\tau\check{\eta}$ $\alpha\check{\upsilon}\xi\acute{\eta}\sigma\epsilon\iota$ $\tau\tilde{\omega}\nu$ $'A\vartheta\eta\nu\alpha\acute{\iota}\omega\nu$ kann nichts für 460
geschlossen werden. Die Eifersucht Spartas hatte sich schon
469 durch den Zug des Leotychides, 464 durch das den
Thasiern gegebene Versprechen, in Attika einzufallen, dokumen-
tiert. Ebenso gut, d. h. vielmehr ebenso ungenau wie Schmidt
diese Ausdrucksweise auf die Zeit vor dem Zug des Nikomedes
nach Phokien und die Schlacht bei Tanagra 458 bezieht,
kann dieselbe auf die Zeit des Zuges der Spartaner nach
Phokis im Jahre 448 gehen. Die allgemeine Lage der Dinge
in letzterem Jahre läßt im Gegensatz zu 460 beide Auffassungen
des perikleischen Antrages zu. 449 hatten die Hellenen noch

auf Kypros gegen die Perser gekämpft; diesem Kampf war
die Fahrt in den Pontos gefolgt, welche doch auch ein den
Persern feindliches Unternehmen war. Wenn Perikles gewillt
war, den Krieg gegen die Perser fortzusetzen, so entsprach es
seiner ungern wagenden Natur, daß er denselben gern an der
Spitze des geeinten Griechenlands unternehmen wollte, und daß
er diesen Plan, als der Kongreß nicht zu stande kam, aufgab.
War aber Perikles der Weiterführung des Krieges abgeneigt,
widersetzte er sich, wie Plutarch an einer andern Stelle über
sein Verhalten zu dieser Zeit (Frühjahr 448) bemerkt, dem
Drängen der Bürger und ließ er sich nicht dazu fortreißen,
Ägypten zu unterstützen und dem König die Herrschaft über
die Meeresgebiete zu entreißen, so entspricht das Aufhören des
Kampfes gegen die Perser seit dem Jahre 448 auch dieser
Ansicht. Letztere Anschauung ist aber nicht nur die der Politik
des Perikles allein angemessene, sondern auch nach den Be-
ratungsgegenständen, die der Beschlußfassung des Kongresses
unterliegen sollten, zu urteilen die allein mögliche. Wenn man
den Göttern Opfergelübde erfüllen wollte, weil sie sich hülfreich
Griechenlands im Kampfe gegen die Barbaren angenommen,
so hielt man diesen Kampf für beendigt. Vor der Schlacht
bei Platää hatten die Griechen auf dem Isthmus nach Diodor
(XI. 29) u. a. gelobt: καὶ τῶν ἱερῶν τῶν ἐμπρησθέντων
καὶ καταβληθέντων οὐδὲν οἰκοδομήσω. ἀλλ' ὑπόμνημα
τοῖς ἐπιγιγνομένοις ἐάσω καὶ καταλείψω τῆς τῶν βαρβάρων
ἀσεβείας. Wenn man nun diese Ruinen, welche den Griechen
eine stumme Mahnung zur Rache an den Tempelzerstörer
waren, niederriß, so räumte man damit auch das Hindernis
aus dem Wege, welches einer Versöhnung zwischen Hellenen
und Persern seither im Wege stand.
    Eine merkwürdige Analogie zu dieser durch Plutarch
erhaltenen Absicht des Perikles, einen Panhellencongreß nach
Athen einzuberufen, bietet ein zu Eleusis in neuerer Zeit auf-
gefundener Volksbeschluß. Es fällt derselbe, wie Foucart
erkannte, wegen der hierin enthaltenen Vorschriften hinsichtlich
des Pelargikon mit Berücksichtigung der Erzählung bei Thuky-
bides II. 17 in die Zeit vor den peloponnesischen Krieg.
Dieser Volksbeschluß*) enthält eine so überraschende Ueberein-

---

*) ed. Dittenberger, Sylloge inscriptonum graecarum No. 13.

stimmung der Gedankenrichtung mit jenem Plane des Perikles, in ihm offenbart sich in so gleicher Weise der weite, die gesammte Hellenenwelt umfassende staatsmännische Gesichtskreis, daß beide Ereignisse mit großer Wahrscheinlichkeit auch in die engste zeitliche Verbindung gebracht werden. In diesem Volksbeschlusse bestimmen die Athener gemäß einem Orakelspruch aus Delphi einen Teil ihrer Ernte als Erstlingsopfer für den Tempel zu Eleusis. Im Texte des Volksbeschlusses heißt es denn zunächst: ἀπάρχεσθαι δὲ καὶ τὸς χσυμμάχος κατὰ ταὐτά. Die einfache Thatsache, daß der athenische Demos in souveräner Weise bestimmen konnte, die Bundesgenossen sollten eine Abgabe an einen attischen Tempel entrichten, beweist, daß dieser Volksbeschluß in eine Zeit fiel, in der Athen noch solches Vertrauen in die Unerschütterlichkeit seiner Macht besaß, daß es die Stimmung der Bundesgenossen nicht berücksichtigen zu brauchen glaubte. Dieselben Gründe, die dagegen sprachen, daß die Berufung des Friedenscongresses nach dem für Athen nachteiligen Frieden des Jahres 445 stattfand, verhindern mich also, der Datierung Dittenbergers beizustimmen, welcher aus dem jüngern Charakter der Schrift schließen will, daß dieser Volksbeschluß nicht über 446 hinausgehen könne.*) Mit Recht hat dagegen Kirchhoff in seinen „Studien zur Geschichte des griechischen Alphabets (Berlin 1887, S. 80) besonnen bemerkt, daß Urkunden aus den Zeiten des Überganges verhältnismäßig selten seien und chronologische Bestimmungen im Einzelnen sich nicht aufstellen ließen. So findet sich, wie ebendaselbst bemerkt wird, die jüngere Form des Sigma, der seit 446 (= Ol. 83. 3) die ältere Form endgültig Platz macht, schon in dem Quotenregister von Ol. 82,4 = 449 zum erstenmal durchgängig verwendet, während die beiden folgenden Verzeichnisse noch die ältere Form haben. Hindert der Charakter daher nicht, den Volksbeschluß wenige Jahre vor 446 zurückzudatieren, so ist er doch eine willkommene Stütze dafür, daß jener mit dem Volksbeschlusse in Verbindung stehende Plan des Perikles nicht schon in das Jahr 460 gehört. Der Grund aber, aus dem wir ein zeitliches Zusammenfallen beider Ereignisse anzunehmen uns bewogen fühlen, liegt in dem weitern

---

*) Dittenberger pag. 24. Litterae στοιχηδόν dispositae, formae vulgaris Atticae, qua ex re apparet monumentum anno 446 a. Chr. antiquius non esse.

Inhalt des Volksbeschlusses. Es heißt nämlich darin: ἀπαγγέλλεν δὲ τὲν βολὲν καὶ τῆσι ἄλλεσι πόλεσιν [τ]ῆ[σι] Ἑ[λ]λενικῆσιν ἁπάσεσι ὅποι ἂν δοκῆι αὐτῆι δυνατὸν ἔναι, λ[εγο]ντας μὲν κατὰ ἁ ʼΑθηναῖοι ἀπάρχονται καὶ οἱ χσύμμα- χοι, ἐκε[ινο(ι)ς] δὲ μὲ ἐπιτάττοντας, κελεύοντας δὲ ἀπάρχεσθαι ἐὰν βόλονται [κ|ατὰ τὰ πάτρια καὶ τὲν μαντείαν τὲν ἐγ Δελφõν.

Nicht allein also, daß diese beiden einzigen Beschlüsse, soweit uns aus jener Zeit bekannt ist, sich an die ganze Griechenwelt wenden, auch der Inhalt derselben ist ein gleichartiger. Wie die einzuberufende Nationalversammlung hauptsächlich ein Frie= benskongreß sein sollte, der über Aufbau von Tempeln und Darbringung von Opfern beraten. sollte, so wurde in dem zweiten Beschlusse auch zu Opfern für einen Tempel aufgefor= dert, aber nicht für den Tempel der zur Reichsgöttin erhobenen Athene, dem Opfer darzubringen die außerhalb des delischen Bundes stehenden Griechen aus politischem Mißtrauen voraus= sichtlich abgelehnt hätten, sondern für den Tempel der allen Griechen heiligen Friedensgöttin Demeter, die als Lehrerin des Ackerbaus die Einrichtung fester Wohnsitze veranlaßt und zur Begründung der bürgerlichen Ordnung geführt hatte. Diese Gleichartigkeit der Ideenrichtung veranlaßt uns, den zweiten Beschluß gleichfalls auf die Initiative des Perikles zurückzu= führen. Nur in einem Punkte unterscheiden sich die beiden Beschlüsse. Bei Plutarch sollen alle Griechen ohne Ausnahme (πάντας Ἕλληνας τοὺς ὁπήποτε κατοικοῦντας Εὐρώπης ἤ τῆς ʼΑσίας) zur Beschickung des Kongresses aufgefordert werden; in dem zweiten Volksbeschlusse heißt es beschränkend ὅποι ἂν δοκῆι αὐτῆι δυνατὸν εναι. Es ist nun klar, daß dieser Unterschied nicht auf eine ursprüngliche Verschiedenheit in der Fassung der Volksbeschlüsse zurückzuführen ist, sondern darauf, daß Plutarch, der diesen Plan des Perikles als Beweis seines hohen, umfassenden Geistes anführte*), die ursprüngliche Fassung in rhetorischer Manier veränderte. Denn die Be= schränkung des inschriftlich erhaltenen Volksbeschlusses entsprach den thatsächlichen Verhältnissen, da es für athenische Gesandte nicht ratsam war, die außerhalb des Grenzbereichs der attischen Macht wohnenden Griechen auf Cypern und im Pontos auf= zusuchen, da die Athener an beiden Punkten gerade in den letzten Jahren den dort herrschenden Persern feindlich ent=

---

*) Pericl. cap. 17: ταῦτο μὲν οὖν παρεθέμην ἐνδεικνύμενος αὐτοῦ τὸ φρόνημα καὶ τὴν μεγαλοφροσύνην.

gegengetreten waren. Bestätigt wird unsere Ansicht, daß erst durch Plutarch die Verschiedenheit hervorgerufen ist, dadurch, daß, obwohl es im Eingang hieß, alle Griechen Europas und Asiens ohne Ausnahme sollten herbeigerufen werden, doch bei Plutarch selbst im weiteren Verlauf die ausgeschickten Gesandten nur südlich bis Rhodus, nördlich bis Byzanz die griechischen Staaten aufsuchten. (ὧν πέντε μὲν Ἴωνας καὶ Δωριεῖς τοὺς ἐν Ἀσίᾳ καί νησιώτας ἄχρι Λέσβου καὶ Ῥόδου παρεκάλουν· πέντε δὲ τοὺς ἐν Ἑλλησπόντῳ καὶ Θρᾴκῃ μέχρι Βυζαντίου τόπους ἐπῄεσαν).

Litteratur.

F. Clinton. Fasti Hellenici, vol. II. Oxford 1827.

W. Krüger. Ueber die Pentakontaëtie des Thukydides. Hist. philol. Studien I. 1836.

Pierson. Die thukidideische Darstellung der Pentakontaëtie. Philologus 28.

Weißenborn. Hellen. Jena 1844.

Wachsmuth. Hellenische Altertumskunde. Halle 1846.

Bischer. Kimon. Basel 1846.

Peter. Zeittafeln der griech. Geschichte. 1858.

Kortüm. Geschichte Griechenlands. 2. Bd. Heidelberg 1854.

K. Fr. Hermann. Lehrbuch der griech. Antiquitäten. Bd. 1. Heidelberg 1874.

G. Grote. History of Greece, übers. v. Meissner. Bd. 3. Leipzig 1853.

E. Curtius. Griechische Geschichte. Berlin 1865.

Oncken. Athen und Hellas. Leipzig 1865.

A. Schaefer. De rerum post bellum Persicum usque ad tricennale toedus in Graecia gestarum temporibus. Bonn 1865.

— Aus den Zeiten des Kimon und Perikles. Hist. Zeitschr. Bd. 40.

Bolquardsen. Untersuchungen über die Quellen der griech. und phil. Geschichte bei Diodor. Buch 11—16. Kiel 1868.

Ab. Schmidt. Das perikleische Zeitalter. Jena 1877—1879.

Köhler. Urkunden und Untersuchungen zur Geschichte des delisch-attischen Bundes. Abhandl. d. Berl. Akad. d. Wissenschaften. 1869.

Kirchhoff. Der delische Bund. Hames XI.

— Ueber die Tributpflichtigkeit der attischen Kleruchen. Abh. Berl. Akad. 1873.

Holzapfel. Untersuchungen über die Darstellung der griechischen Geschichte von 489—413 v. Chr. Leipzig 1879.

Busolt. Das Ende der Perserkriege. Histor. Zeitschrift, Bd. 48.

— Griechische Geschichte. II. Bd. Gotha 1838.

Blaß. Aeschylos, Perser und die Eroberung Eions. Neue Rhein. Mus. 29.

G. F. Unger. Diodors' Quellen im XI. Buch. Philologus. Bd. 40 und 41.

Hertzberg. Geschichte der Griechen im Altertum. 1885.

M. Duncker. Geschichte des Altertums. Bd. 8 u. 9. Leipzig 1884 bis 1886.

www.ingramcontent.com/pod-product-compliance
Lightning Source LLC
Chambersburg PA
CBHW021819190326
41518CB00007B/663